Manual para la destrucción del planeta Tierra

ARCA DE DARWIN

[21]

Manual para la destrucción del planeta Tierra

Santiago Pérez Hoyos

menoscuarto

Arca de Darwin
Colección dirigida por JOSÉ RAMÓN ALONSO

© Santiago Pérez Hoyos
© de esta edición, Menoscuarto Ediciones, 2024

ISBN: 978-84-19964-27-4
Dep. Legal: P-262/2024

Diseño de cubierta: GRUPO ANTENA
Corrección de pruebas: BEATRIZ ESCUDERO
Impresión: GRÁFICAS ZAMART (PALENCIA)

Printed in Spain - Impreso en España

Edita: MENOSCUARTO EDICIONES, S. L.
Cardenal Almaraz, 4 - 1.º F
34005 PALENCIA (España)
Tfno. y fax: (+34) 979 70 12 50
correo@menoscuarto.es

A Yolanda, Quique y Ariadna.
Gracias por acompañarme en este viaje
hasta el fin del mundo y, a veces,
incluso en algún paseo hasta el castillo.

«Damas y caballeros, amigos... Bienvenidos al Restaurante del Fin del Universo. Soy su anfitrión de esta noche (...) estaré con ustedes durante esta tremenda ocasión histórica, el fin de la historia misma. (...) Señoras y señores tomen sus lugares en la mesa, se encienden las velas, toca la banda y (...) a medida que la cúpula protegida por la fuerza sobre nosotros se transparenta, revelando un cielo oscuro y sombrío, cargado con la antigua luz de las estrellas hinchadas y lívidas. Ya veo, amigos, ¡nos espera un apocalipsis nocturno fabuloso!»

DOUGLAS ADAMS, *The Original Hitchhiker's Guide to the Galaxy Radio Scripts.*

ÍNDICE

INTRODUCCIÓN

Vivimos en un universo violento. Tan extrema es esa violencia, que resulta casi imposible aceptar la supervivencia de nuestro pequeño remanso de paz en el espacio durante los miles de millones de años que han conducido desde su formación hasta el momento presente. Pero, de hecho, la violencia ha estado muy presente a lo largo de toda nuestra historia como planeta. Y no solo como algo perjudicial, sino que también ha sido facilitadora de muchos fenómenos sin los cuales nosotros no estaríamos aquí.

El germen de este libro se sitúa en 2014, cuando preparé por primera vez una charla de divulgación para estudiantes de bachillerato que llevaba el mismo título y tenía una estructura muy similar. Desde entonces, he impartido variaciones de aquella conferencia en diferentes ambientes: bachillerato, secundaria, estudios universitarios y también, fuera de la academia, en asociaciones de aficionados a la astronomía, jubilados, público general. Esto me ha permitido estudiar, pensar y condensar su contenido, así como cambiar de opinión varias veces y no necesariamente de forma definitiva sobre los aspectos más polémicos. Estas páginas contienen mucha ciencia, pero también, en buena medida, mi forma de mirar y de ver el universo y todo lo que este contiene, desde las formas de vida más sencillas hasta las lejanas galaxias. No encontrarás, como no suele haber nunca en la ciencia, respuestas definitivas ni siquiera para los aspectos objetivos más prosaicos, aunque se ofrecerá una visión en general adaptada al consenso científico de este momento histórico. Habrá, me temo, errores, y todos ellos serán responsabilidad exclusivamente mía y no más numerosos gracias a la ayuda de varias personas, amigos y profesionales, que se han tomado la molestia de señalarme algunos de los más evidentes.

Mi objetivo al escribir este libro es entretener y enseñar, que es para mí simplemente compartir lo aprendido. Quiero con este libro compartir contigo un poco de lo que sé y mucho de lo que aprecio y amo en este universo. El objetivo de este libro no es, bajo ningún punto de vista, crear alarma o desazón. El miedo es una de las herramientas de control social más potentes que existen, pero también lo es la ignorancia colectiva. Por lo tanto, para ser libres debemos tener conocimiento. Lo que hagamos después con él será nuestra responsabilidad.

Tampoco podemos eludir el hecho de que este libro ha sido escrito en un momento muy particular de la historia del planeta Tierra. Nos interese o no aceptarlo, estamos inmersos en una emergencia climática como no hemos conocido antes que, me temo, va a trastornar nuestras posiciones durante las próximas décadas. Esta emergencia climática es única por varias razones, pero la más importante de ellas es que nosotros mismos la hemos creado y en nuestras manos está, si no detenerla por completo, sí al menos paliar sus efectos. No es la primera vez que una o varias formas de vida alteran significativamente el clima de nuestro planeta, pero sí la primera que quienes lo hacen pueden identificar y resolver el problema. No por un impulso altruista, ni por mero afán conservacionista, sino por puro egoísmo: somos nosotros los primeros damnificados ante los cambios bruscos e intensos que estamos promoviendo y nos conviene mantener el equilibrio que nos ha permitido medrar en los últimos miles de años hasta alcanzar nuestra situación actual.

Sin embargo, las causas endógenas van a ser solo tratadas superficialmente en este libro. Otras personas mejor cualificadas que yo lo han hecho y seguirán haciéndolo en un futuro y puede ser una excelente idea enlazar este texto con otros en esa línea. Y es que ni siquiera hace falta estar convencido de todo lo anterior para constatar que la atmósfera es un punto crítico para la supervivencia de la biosfera en su conjunto. En ella van a converger múltiples amenazas, ya que incluso las más pequeñas podrán verse amplificadas exponencialmente.

A lo largo del libro, emplearé varias veces el mismo símil: vivimos dentro de una pompa de jabón. Pequeña, frágil, inestable. Damos vueltas alrededor de una estrella mediocre pero poderosa, junto con miles de granos de polvo y unas pocas pompas similares. Nuestras escalas de tiempo y energía son infinitamente más cortas y pequeñas que las de la mayoría de los procesos que operan a nuestro alrededor. Como si saliéramos de uno de esos juguetes infantiles, nos vemos arrastrados por el viento, chocamos, volamos, subimos y bajamos empujados por mil corrientes y encuentros que pueden destruirnos hasta que uno de ellos, inevitablemente, termine por hacerlo. Así de frágil es nuestra naturaleza.

Al final del libro encontrarás una lista no exhaustiva de publicaciones relativas a cada capítulo, en su mayoría artículos científicos pero también algunos libros de divulgación y novelas. Esta selección es bastante subjetiva y arbitraria, pero creo que contiene todos los puntos claves que iré tocando en los diferentes capítulos del libro. Me temo que estos textos están casi todos escritos en inglés, que se ha convertido en la lengua franca de la ciencia. Confío que esta bibliografía informal inspire más de una lectura y que sirva para aclarar los aspectos más controvertidos del texto principal. Es, en todo caso, un listado completamente opcional y no es necesario para seguir las ideas que expongo.

No quiero terminar estas líneas sin un mensaje de agradecimiento. En primer lugar, por supuesto a mi familia por los momentos robados que ya no volverán, por haber sido una sombra tecleando al fondo de la sala, a ratos absorto en mis propias ideas. Pero, sobre todo, quisiera dedicar este libro a todos mis alumnos y a quienes me han escuchado en la radio o han asistido a mis charlas, porque nunca he aprendido tanto como cuando he intentado enseñar. Y vivir aprendiendo es, para mí, la única forma que tiene sentido.

Mirando directamente a los ojos del universo veremos de cuántas formas diferentes puede ser hostil con nosotros. Algunas de ellas son evitables, otras se pueden retrasar y tal vez de algunas podamos escapar. Ningún problema real se ha resuelto por ignorarlo, así que el primer paso es siempre afrontarlo. Vamos a ello.

Capítulo 1

Los cuatro jinetes del Apocalipsis

Los mitos nos llegan de muchos lugares diferentes, no solo de los relatos homéricos o las obras de Shakespeare. Hoy en día, las series de televisión, los memes de internet y, realmente, cualquier creador de historias o de imágenes se pueden convertir en un generador de mitos a través de Instagram y sus selfies, o de X/Twitter y sus chistes. Sin embargo, la vida de un mito después de su creación puede ser muy dura. Desde su nacimiento hasta su desaparición podría estar sometido a leyes no muy diferentes de las que rigen la evolución de los seres vivos. En función de su capacidad para adaptarse y reproducirse, la idea será capaz de propagarse por el tiempo y el espacio, incluso alterando su significado por el camino. Si el mito es *poderoso,* si captura alguna realidad humana o natural de una forma brillante, puede ir pasando de generación en generación, mucho más allá del tiempo y lugar en el que se gestó.

Esto es precisamente lo que sucede con los cuatro jinetes del Apocalipsis. Aparecieron como personajes muy secundarios en el libro más entretenido del Nuevo Testamento, sin un gran desarrollo pero sí cargados de un enorme simbolismo que despertó la imaginación de muchos lectores en los siglos posteriores. Su brillantez reside en que reducen a un número fácil de manejar las causas de la destrucción total de la humanidad, resumiendo lo que puede parecer una variedad inagotable de desastres en cuatro simples conjuntos. La idea central se expandió con facilidad durante dos mil años y llegó a nuestros días con una envidiable salud, como demuestra su aparición en el compendio de la cultura occidental que son *Los Simpsons*. En ocasiones, se ha utilizado este mito para representar a las personas que suponen un riesgo. Ni siquiera cuatro destacados ateos como Richard Dawkins, Daniel Dennett, Christopher Hitchens y Sam Harris pudieron resistirse a la tentación de usar una denominación bíblica para ilustrar algunas de sus conversaciones sobre la religión.

La figura original de los jinetes se refería directamente a los posibles desencadenantes del final de la humanidad. La tradición alude a la Guerra, el Hambre y la Muerte siguiendo a un primer jinete de significado más incierto. El caballo blanco que este último jinete monta se ha interpretado de muy diversas formas, algunas puramente religiosas, otras más naturales. En este caso, la interpretación que mejor encaja con los propósitos de este libro sería la de la Enfermedad (o peste, plaga o COVID-19, como se prefiera). Un ejercicio divertido y morboso que recomiendo a cualquier lector es imaginar finales para nuestra civilización, para después comprobar que siempre caen en alguna de estas categorías (entre otras cosas porque el comodín del caballo negro de la Muerte acepta muchas interpretaciones diferentes).

Sin embargo, el mito va más allá de lo descriptivo y provoca una reacción en las personas. Hay quien ha argumentado que una buena parte de la humanidad vuelca sus esfuerzos en combatir a estos cuatro símbolos de destrucción. Los médicos y los científicos se enfrentan a diario con la enfermedad y la muerte, mientras los (buenos) políticos tratan de evitar la guerra y el hambre. Podría decirse incluso que todos los seres humanos luchan cada día contra la muerte simplemente siguiendo adelante con sus vidas. Gracias a ello, podemos imaginar un mundo sin guerras, sin hambre o sin enfermedades. Incluso sin muerte. Por terminales que estas representaciones parecieran cuando se crearon, desde la Ilustración y con las sucesivas revoluciones científicas, la humanidad ha llegado al convencimiento de que estos símbolos no tienen por qué ser definitivos. Tal vez sea un mero horizonte hacia el que dirigir nuestros pasos, para liberarnos del yugo de la condenación.

Muchos pensadores sostienen, y lo hacen con numerosos datos, que la humanidad se encuentra inmersa en un progreso real, mensurable, como resultado de este combate contra los jinetes[1].

Usemos este mito entonces a favor de la idea central de este libro. Nos enfrentamos aquí a la destrucción del planeta Tierra, algo que, como discutiremos más adelante, puede ir mucho más allá del fin de la humanidad. En primer lugar, deberemos determinar las grandes categorías en las que se encuadran los peligros que nos acechan, para poner a galopar a nuestros jinetes y solo nos quedará derribarlos, dando una vuelta de tuerca al viejo mito. Los viejos jinetes ya no nos sirven, por referirse demasiado a la humanidad y demasiado poco a la Tierra como un planeta, un ente que engloba todos los aspectos físicos y biológicos al mismo tiempo. El primer jinete podría ser la propia humanidad. La civilización humana entraña una serie de riesgos para sí misma y para los organismos que la rodean que, eventualmente, pueden desencadenar una destrucción a gran escala. Aunque excede el área de las ciencias naturales para internarse en las sociales, hay algunas conside-

---

[1] La idea (o mito) de progreso es objeto de acalorado debate filosófico y científico, así como la interpretación de los datos, o incluso los datos mismos.

raciones generales desde el punto de vista de la, hasta el momento, infructuosa búsqueda de vida en el universo que creo que pueden ser relevantes a este respecto. En mi representación de la historia, el segundo y tercer jinetes responderían a causas naturales, aunque me ha parecido conveniente otorgarles personalidades diferentes. Por un lado, tendríamos las causas naturales propias de nuestro planeta, que podríamos llamar endógenas. Por otro lado, estarían las causas, también naturales, que pueden alcanzarnos desde el exterior, o exógenas. Adelantaremos que para este tercer jinete podremos ofrecer el retrato más detallado, ya que las causas astronómicas ocuparán una buena parte de estas líneas. Ambos jinetes están unidos por una profunda conexión, ya que causas externas a menudo pueden desencadenar catástrofes internas.

Sin embargo, hay una serie de causas posibles de destrucción que no entrarían en ninguna de las tres categorías anteriores. Aunque el ser humano es quizá la forma de vida más catastrófica que ha poblado el planeta Tierra, existen otras formas de vida con un potencial aniquilador considerable. Esto nos sitúa dentro del campo de la biología, la medicina o concretamente la epidemiología, sobre los cuales me limitaré a manifestar mi ignorancia presentando algunas ideas muy sencillas que configurarán a nuestro cuarto jinete del Apocalipsis. Ya podemos verlos asomando por el horizonte. Sus monturas resoplan amenazantes mientras ellos nos miran con ojos fieros. Empecemos a estudiarlos con detenimiento.

Los riesgos de la civilización

¿Qué habría sido de nuestra civilización si los Estados Unidos de América no hubieran fabricado y utilizado la bomba ató-

Las explosiones de las bombas en las ciudades japonesas de Hiroshima (izquierda) y Nagasaki (derecha) siguen siendo hasta la fecha el único uso violento conocido de las armas nucleares y perviven como un recordatorio del enorme potencial destructivo del ser humano. (© George R. Caron, Charles Levy, Departamento de Energía de USA)

mica en 1945? ¿Habrían sido capaces los aliados de derrotar igualmente a Alemania, Japón e Italia? Mucho se ha especulado y debatido sobre este tema, también desde la ciencia ficción, por ejemplo, de la mano del lisérgico Philip K. Dick a través de una novela que después fue aumentada a través de una bastante más convencional serie de televisión.

Lo que sabemos a ciencia cierta es que aquellas dos bombas explotaron y provocaron la muerte de tal vez más de 250.000 personas. La desolación de las poblaciones de Hiroshima y Nagasaki fue absoluta y, fueran los que fuesen los condicionantes que llevaron a su lanzamiento, la vergüenza que toda la humanidad en su conjunto debería sentir por permitir la escalada que nos condujo hasta aquel momento de la historia no debería extinguirse nunca. El mismo Robert Oppenheimer, padre científico de aquellas bombas, pasó en los años posteriores a oponerse a la proliferación nuclear. Pero aquellas bombas fueron en realidad un pequeño anticipo del poder destructor que podrían llegar a desencadenar las que empezaron a fabricarse en los años 50, dando lugar a una carrera armamentística que definió la geopolítica de la segunda mitad del siglo XX y que aún extiende sus tentáculos por el mundo en forma de enfrentamientos entre diversos polos atómicos, como, por ejemplo, sucede entre los países de India y Pakistán y que parece haberse reactivado en la Europa oriental que limita con Rusia.

Con el desarrollo de la física en la primera mitad del siglo XX y la agitada situación en Europa, tal vez la cuestión fuera quién sería el agresor y quién el agredido, y no tanto si llegaría a hacerse. Quizá la forma en la que nuestra civilización evoluciona nos lleva necesariamente a un momento en el que desarrollamos el poder de crear armas tan tenebrosamente destructivas que pueden borrarnos del universo en segundos. Al igual que venimos de sociedades que se organizaron de una manera específica para producir armas, gérmenes y acero (ante los cuales la defensa de otros modelos sociales era inútil), quizá el proceso debía conducirnos necesariamente a la posición en la que nos encontramos. En todo caso, la psicosis generada por la bomba se extendió durante décadas y dio forma a las primeras potencias mundiales y a la manera en que se relacionaron entre ellas. Incluso, alentó el desarrollo de la astronáutica a través de la llamada carrera espacial. Actualmente, vivimos de espaldas a un riesgo que es tal vez tan inminente o más que cuando fue gestado, pero el fantasma de la destrucción nuclear sigue agazapado entre nosotros.

Precisamente, fue uno de los científicos que participaron en el proyecto Manhattan, Enrico Fermi, quien señaló la aparente paradoja que se produce entre la probabilidad de que exista vida fuera de nuestro planeta y nuestra incapacidad para haberla detectado en forma alguna. Y aunque se han planteado numerosas posibilidades que requerirían otro libro para discutir en detalle, fue el mismo Fermi quien, sobre todo, al final de sus días señalaba que era patente la incapacidad de nuestra sociedad para manejar semejante poder.

Unamos por lo tanto las dos piezas del puzle. Si la fabricación de armas nucleares es un paso lógico en el desarrollo de sociedades altamente tecnológicas y si, cuando miramos al espacio nos encontramos con un silencio inquietante en lugar de una cantina llena hasta la bandera, como en las películas de *Star Wars*, ¿no será porque las sociedades se enfrentan irremisiblemente a ese momento crítico en el que pueden terminar borrándose del mapa? ¿Estaremos nosotros ante eso que Robin Hanson llamó el *gran filtro*? ¿Seremos nosotros mismos los responsables últimos del apocalipsis?

Aunque antes comentaba que hemos aprendido a vivir de espaldas a la posibilidad de la guerra nuclear, no es menos cierto que hemos ido adquiriendo conciencia acerca de otros riesgos también desencadenados por la humanidad y también potencialmente catastróficos. Podríamos citar múltiples intentos de control ecológico fallidos, como el llamado *Gran Salto Adelante* de la China maoísta y su fallido control de plagas con consecuencias catastróficas para la propia población humana. Pero el cambio climático es el mejor exponente de estos riesgos, del cual apenas empezamos a ser conscientes a un nivel social. Como veremos más adelante, el cambio climático es además una hidra de múltiples cabezas. No importa en qué forma se desencadene, una vez empieza a hacer su trabajo las consecuencias pueden ser totalmente devastadoras. Igualmente, podríamos añadir la contaminación generalizada o la superpoblación como potenciales desencadenantes de un desastre terminal.

Pero, un momento, puede decir alguien, ¿no estamos hablando aquí de la destrucción de *todo el planeta Tierra*? Sin duda, con la tecnología actual somos perfectamente capaces de terminar con prácticamente todas las formas de vida que conocemos. Algunos trabajos científicos sugieren que hemos entrado en una era con alcance geológico que recibe el nombre de Antropoceno. Si algo borrara a toda la humanidad de la faz del planeta Tierra y este fuera visitado por alguna civilización extraterrestre eones más tarde, meramente a través del análisis geológico podrían llegar a deducir nuestra presencia a través de los restos acumulados y de la descabellada tasa de extinción de especies que hemos generado desde la Revolución Industrial.

Pese a todo, podríamos seguir razonando, siempre pueden quedarnos las cucarachas. Me refiero a esa imagen de la cultura popular, más que probablemente errónea, de estos insectos como capaces de sobrevivir a cualquier cosa. Tanto la bomba como el antropoceno nos sugieren esta imagen, sería una mera anécdota para las formas de vida más resistentes. Puedes llamarlas cucarachas u organismos extremófilos, pero siempre habrá algo capaz de resistir las más duras condiciones que podamos imaginar.

La respuesta a ese argumento no es sencilla. Por un lado, aunque la vida ha demostrado ser capaz de adaptarse a condiciones mucho más adversas de lo que a menudo se ha considerado posible, todo tiene un límite. Hay niveles de salinidad, acidez o abundancia de determinados compuestos químicos que todavía se consideran incompatibles con la vida. Además, la capacidad de las formas de vida para adaptarse también parece tener un ritmo máximo que depende de su tasa reproductiva, de la frecuencia de mutaciones y de otros factores. Es decir, un cambio lento puede ser adaptable, pero uno rápido puede ser completamente inasumible.

Nuestra única esperanza podrían ser formas de vida extremadamente sencillas, en hábitats aislados y fuera de la cadena trófica general. Tal vez bacterias del subsuelo pudieran suponer el germen de un nuevo resurgir de la vida, en un mundo desolado por la humanidad. Desde luego es una hipótesis no completamente descartable, pero tampoco demasiado halagüeña, al menos desde nuestra perspectiva.

Es importante destacar que esta nueva personificación del apocalipsis va mucho más allá de lo que tradicionalmente se conocía como jinete de la guerra. No es solo la guerra entre humanos lo que puede conducirnos al desastre, sino en general las formas en las que nos relacionamos entre nosotros y con nuestro propio planeta gestionando sus recursos. Incluso aunque camináramos hacia un escenario con un mínimo de conflictos armados entre nosotros, aún tendríamos que resolver múltiples problemas de contaminación y sobreexplotación de los medios naturales. La incapacidad de las civilizaciones para gestionar recursos en sistemas cerrados se ha puesto de manifiesto en lugares como la isla de Pascua, que debería ser un recordatorio de los riesgos que entraña poner al límite la explotación de un ecosistema.

Vemos, por lo tanto, que nos hemos convertido de pleno derecho en la primera fuente de problemas que pueden comprometer al planeta en su conjunto. Nosotros somos el primer jinete del apocalipsis y sabemos guiarlo de maneras muy diversas. Muchas de ellas requerirían analizar la historia, la sociología o incluso la psicología de los seres humanos y quedan por lo tanto muy lejos del alcance de este libro. No obstante, la detección de vida en el universo, tanto *simple* como *avanzada,* sería una valiosísima fuente de información sobre lo que podemos encontrar en nuestro futuro.

La naturaleza amenazante

A finales del año 2004, un potente terremoto en el océano Índico generó una cadena de tsunamis que barrió las costas del sudeste asiático, una de las regiones más densamente pobladas de la Tierra, dejando tras de sí una cifra de fallecidos cercana a los 300.000. Aquel desastre natural no requirió la intervención humana para desarrollar su capacidad destructora, si exceptuamos el papel que pudo jugar la sobreexplotación costera. Posiblemente fue el terremoto más mortífero que hemos conocido desde el gran terremoto de Lisboa a mediados del siglo XVIII, pero se han contabilizado unos diez de los llamados megaterremotos en los últimos 2.000 años, en los que disponemos de un registro fiable. De entre ellos, el más intenso parece haber

Apenas una hora después de que las primeras olas producidas por el devastador terremoto y tsunami de 2004 golpearan las costas de Sri Lanka, el satélite Quickbird de Digital Globe tomó estas imágenes donde vemos la interacción de las olas con el agua que fluye desde tierra firme, creando una destructiva turbulencia. La orilla del mar llegó a retroceder 150 metros de su posición normal. (Imagen Digital Globe)

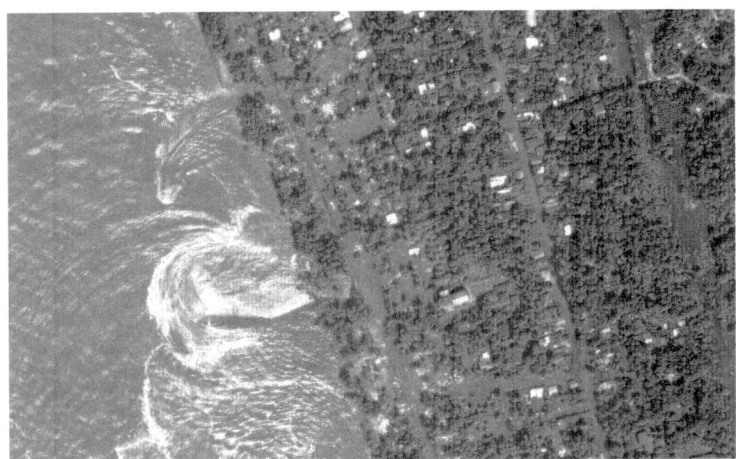

sido el que asoló Chile en 1960, que se hizo notar incluso en las costas de Japón.

En la actualidad, existe un elevado riesgo de que suceda el llamado Big One, un megaterremoto que podría romper California a través de la falla de San Andrés. A pesar de que este sea el candidato que más preocupa a los norteamericanos, existen otras zonas de alto riesgo, como Tokio y sus alrededores, que podrían verse sometidos a movimientos sísmicos intensos en zonas con altas densidades de población y que, por lo tanto, son susceptibles de superar el fatídico récord de víctimas del año 2004.

Sin embargo, por potentes que puedan ser estos terremotos, ninguno de ellos parece ser capaz de crear un desequilibrio lo suficientemente grande en nuestro planeta. Hasta donde sabemos actualmente, no hay ninguna evidencia de que un evento de este tipo sea capaz de generar un desastre de escala global. A nivel local, sin duda, son devastadores, pero a nivel planetario sus efectos parecen limitados. Los terremotos, por lo tanto, parecen una manifestación tímida del poder destructor de la naturaleza, aunque superen a otros fenómenos naturales como huracanes o inundaciones.

Otra de las formas en las que la ira natural puede mostrarse son los volcanes. Este tipo de catástrofe está fijada en nuestra memoria cultural a través de la explosión del Vesubio que en el año 79 d. C. asoló, entre otras, la ciudad romana de Pompeya. Los volcanes, muy relacionados además con los movimientos sísmicos, tienen un poder destructor añadido debido a su capacidad de inyectar partículas de polvo y ceniza en niveles muy altos de la atmósfera. Estas partículas pueden permanecer largo tiempo en suspensión y causar efectos enormes en el clima a gran escala, lo que a su vez puede producir alteraciones sustanciales en la cadena trófica y resultar en extinciones masivas que terminen con una fracción considerable de las formas de vida en nuestro planeta. Es pues la conexión de los volcanes con el cambio climático lo que les otorga un extra de capacidad destructiva que les permite infligir más daños que otros fenómenos naturales. Las grandes erupciones volcánicas dejan una profunda huella en el registro geológico, que nos permite constatar la relativamente frecuente aparición de estos fenómenos en los últimos millones de años. La erupción del lago Toba, en Sumatra, hace unos 75.000 años, por ejemplo, pudo haber exterminado a más de la mitad de la población humana de la época y haber provocado una auténtica Edad del Hielo de larga duración.

Estos supervolcanes tienen, por consiguiente, una capacidad destructiva inmediata, como los terremotos, pero también una capacidad de alterar el equilibrio climático que merece ser tenida muy en cuenta. En la actualidad, existen diversas cuencas volcánicas sospechosas de ser capaces de alcanzar tales cotas de violencia, como por ejemplo la de Yellowstone, en Estados Unidos, que se ha hecho muy popular por algunas recreaciones cinematográficas. Precisamente, se trata de la cuenca volcánica más controlada del planeta, dado que los geólogos, con una precisión que solo es seguida de cerca por la de los astrónomos, predicen la explosión de alguno de estos supervolcanes en los próximos 50 millones de años, aunque no sabemos cuándo ni dónde. No parece una predicción de gran ayuda, pero sin duda es mucho más de lo que sabían nuestros antepasados.

Si bien vemos que la naturaleza saca músculo a través de los volcanes, estos ganan enteros en nuestra escala de destrucción solo a través de su capacidad de inducir otros cambios, principalmente en la atmósfera. Como he mencionado antes, la inyección de ceniza a gran altura puede producir un enfriamiento notable de la superficie a través de lo que se ha llamado invierno volcánico o nuclear. También tienen el potencial de introducir materiales como dióxido de carbono o ácido sulfúrico. El primero es un potente gas de efecto invernadero, el segundo aumenta los niveles de acidez de los medios acuosos de forma que pueden ser incompatibles con la vida, además de poder desencadenar un proceso de invierno nuclear que describiremos más adelante. Es a través de esta cadena de eventos que pensamos que una explosión volcánica podría desencadenar el apocalipsis. Los cambios climáticos se pueden producir también por otras causas, independientemente de la actividad volcánica. Desarrollaremos estas ideas en el siguiente capítulo. Se conoce a través del registro fósil y geológico la recurrencia de eventos de enfriamiento y calentamiento de la superficie de nuestro planeta. Algunas veces pueden ocurrir por volcanes, incluso estar relacionados con grandes incendios, pero otras veces se desencadenan por variaciones seculares de la órbita terrestre. Incluso las variaciones de posición e intensidad del campo magnético terrestre han podido crear en el pasado situaciones que han conducido a grandes cambios climáticos.

Consideremos, por ejemplo, la teoría que recibe el nombre de Tierra bola de nieve, que defiende que nuestro planeta ha podido pasar por varias etapas de glaciación total mucho más radicales que las más recientes glaciaciones con las que estamos familiarizados. De ser cierta, estos períodos de varios millones de años pudieron constituir un gran impedimento para el desarrollo de la vida compleja en nuestro planeta. Irónicamente, los volcanes pudieron romper el círculo vicioso generado por estos cambios climáticos y haber sido los causantes de un nuevo calentamiento, tal vez precediendo grandes explosiones de biodiversidad que detectamos en el registro fósil.

En el otro extremo del termómetro, tenemos la tendencia de nuestra atmósfera a calentarse. Este llamado efecto invernadero, que más adelante desarrollaremos, es en principio positivo porque permite temperaturas amables en las que nos manejamos muy bien como seres vivos. Aunque normalmente señalamos al dióxido de carbono como gran responsable de estos procesos de calentamiento, el agua y el metano son también potentes gases de efecto invernadero. Algunos modelos climáticos señalan que la acumulación natural de estos compuestos, sin, insisto, necesidad de intervención humana, puede ser suficiente para elevar la temperatura de la superficie en los próximos millones de años mucho más allá de lo que sería tolerable para nosotros, e incluso tal vez para todas las formas de vida que actualmente conocemos.

Nuestro segundo jinete del apocalipsis, por lo tanto, no requiere de ninguna ayuda de nuestra parte. La naturaleza por sí sola es capaz de desarrollar un poder destructivo notable. A nivel local puede ser devastador y, a nivel global, siempre y cuando sea capaz de romper el equilibrio atmosférico, puede conducirnos a escenarios difícilmente compatibles con la vida. Solo un rayo de esperanza asoma en esta situación: sabemos que nuestro planeta ha pasado por estas situaciones en el pasado y que, aun así, algunas formas de vida han sido capaces de sobrevivir y aprovecharon su oportunidad para resurgir tan pronto como el ambiente natural recuperó las condiciones adecuadas. Es concebible imaginar una destrucción natural irreversible, pero la experiencia que vemos reflejada en el registro geológico nos enseña que esta puede ser extremadamente infrecuente. Un consuelo, siempre que uno no tenga inconveniente en volver a ser un pequeño microorganismo unicelular en lo más profundo del océano, claro está.

Amenazas del espacio exterior

El domingo 30 de octubre de 1938, un jovencísimo actor y director de solo 23 años, Orson Welles, dirigía y presentaba la emisión radiofónica del clásico de la ciencia ficción *La guerra de los mundos,* escrita por Herbert George Wells cuarenta años antes. Aquella emisión radiofónica se convirtió en un auténtico mito, en el sentido que definíamos al principio de este capítulo. Un mito, además, que contaba con diversas vertientes y que puede ser analizado e interpretado de muy diversas maneras.

En primer lugar, el pánico desatado entre los oyentes se suele emplear como ejemplo del enorme poder de los medios de comunicación, que son capaces de movilizar a las masas independientemente de la veracidad o incluso de la verosimilitud de lo que estén presentando. No pocos análisis posteriores han puesto en duda la amplitud real del impacto que creó aquella dramatización y, sin embargo, esto no compromete la lectura sobre el enorme poder de la comunicación que habría sido solo un instrumento publicitario al servicio de Orson Welles.

En segundo lugar, también este fenómeno pone de manifiesto el clima de histeria colectiva que se vivía en Estados Unidos ante los acontecimientos que se vivían en aquella época, muy particularmente en Europa, y que condujeron finalmente a la II Guerra Mundial. Es una especie de prólogo a lo que sería el pánico de la guerra fría con el temor al uso de la bomba atómica de la que ya hemos hablado. En esa tesitura, la población puede ser particularmente sensible a las sugestiones. Tal vez los recientes acontecimientos que se están desencadenando en Europa nos lleven al mismo estado de ánimos alterados que hubo en el pasado, por lo que nos convendría recordar cómo aquello influyó en las decisiones políticas que se tomaron en determinados momentos, como las llamadas cazas de brujas de McCarthy.

Pero el sentido que nos interesa explorar aquí es el de la amenaza del espacio exterior. La novela de Wells es tal vez el primer caso de invasión alienígena y, siguiendo nuestro propio hilo, supuso la creación de un mito particularmente convincente. Y es que la invasión extraterrestre, y más concretamente la invasión marciana, se convirtió en un motivo recurrente dentro de la literatura y el cine de ciencia ficción, con mayor o menor fortuna artística y científica. Estos son mitos que funcionan muy bien porque transforman al enemigo en un ser que, aunque sea inteligente, no es plenamente humano y por lo tanto eliminan las reservas morales que el enfrentamiento directo nos pueda crear[2]. No en vano, la palabra *alien* que hemos adoptado en español como sinónimo de *extraterrestre,* es en realidad una palabra inglesa cuyo significado original es *extranjero.*

La idea de que la destrucción nos puede llegar desde el espacio cobró una gran fuerza simbólica a lo largo del siglo XX. Apoyados en las primeras ideas que se desarrollaron acerca de la habitabilidad de los cercanos planetas Marte y Venus (finalmente erróneas), no parecía descabellado pensar que esas guerras que el mundo estaba sufriendo podían extenderse más allá de nuestro planeta y abarcar los confines del Sistema Solar.

Ahora, comenzado el siglo XXI, los miedos de invasión alienígena se han ido desdibujando. La falta de resultados del proyecto SETI, el progresivo descubrimiento de que nuestros vecinos planetarios son en realidad eriales devastados y la constatación de que el fenómeno de la vida puede ser mucho más infrecuente de lo que pensábamos fue borrando del imaginario

---

[2] De hecho, Wells era un hombre de posturas progresistas, muy cercano al socialismo y, en general, de tendencias pacifistas.

colectivo el escenario de multiculturalidad galáctica o, al menos, relegándolo a un mero instrumento artístico.

Sin embargo, esto no quiere decir, de ninguna manera, que el espacio no esté plagado de amenazas. En este libro no abordaré en mayor detalle la posibilidad de una invasión por parte de una civilización extraterrestre, principalmente porque no disponemos de ninguna evidencia que haga esta hipótesis plausible; pero sí que dedicaremos un buen número de páginas a analizar en qué formas el cielo puede llegar a caer sobre nuestras cabezas.

La violencia que se desata a nuestro alrededor en una escala cósmica es muchísimo mayor de lo que hace falta para terminar con todas las formas de vida que existen en nuestro planeta o, ya puestos, para vaporizar por completo las rocas de la Tierra. Somos un grano de polvo apoyado prácticamente sobre la superficie del Sol, presas de un billar cósmico en el que incluso los impactos más pequeños nos pueden poner en un brete. En la sección anterior veíamos que la fuerza destructiva que el ser humano puede desencadenar en la actualidad podría ser del mismo orden de magnitud que la necesaria para hacer un barrido bastante completo de la biosfera. Tal vez no suficiente, pero no demasiado diferente. En el caso de las energías que se liberan en las colisiones (capítulo 4), las emisiones de nuestra estrella (capítulo 5), algunas de nuestras vecinas (capítulo 6) o en la galaxia en su conjunto (capítulo 7) son órdenes de magnitud mayores. Después de algunos de los eventos que describiremos podría llegar a no quedar ni rastro de nosotros.

Esto no significa que estemos completamente desprotegidos. Tal y como anunciaba en la introducción, en este libro intentaremos también mostrar de qué manera el conocimiento nos puede poner a salvo de los cataclismos, por inabarcables que ahora nos parezcan. Aunque resulte increíble, en algunos casos podríamos tener margen de acción, ya sea para conjurar el peligro o para una huida a tiempo, que sería toda una victoria.

Nuestro tercer jinete del Apocalipsis toma, por lo tanto, la forma de las amenazas exteriores y es probablemente el más amenazante de todos ellos. Se trata de un saco enorme, dentro del cual caben procesos muy diferentes y algunos contradictorios, pero todos ellos tienen en común que no precisan de ningún vínculo con nuestro planeta para ser efectivos. De hecho, *no saben de nuestra existencia*. Tal y como sostenía Carl Sagan en su famoso *Cosmos,* "el universo no es benigno ni hostil, simplemente indiferente". Sin embargo, su indiferencia es tan descomunalmente grande frente a nuestra terrible pequeñez, que cualquier minúsculo cambio en sus condiciones puede desencadenar nuestro final más absoluto.

Apocalipsis zombi

Podríamos discutir largo y tendido sobre el final de la humanidad que más veces ha aparecido en películas o series de televisión. Personalmente, creo que más que invasiones del espacio exterior, en los últimos años ganan por goleada los apocalipsis zombi. Hay muchas maneras de presentarlo, pero en última instancia esas historias simbolizan una forma de vida capaz de alterar al resto para destruir el mundo tal y como lo conocemos.

La *Dinocampus coccinellae* es una avispa que actúa como parásito de las mariquitas. Coloca sus huevos de manera que las larvas se alimentarán del huésped durante su crecimiento. También lo utilizarán como protector, dado que las mariquitas

Mariquita bajo los efectos del ataque de la avispa parasitaria.
(© Peter Pearson | Creative Commons Licence)

son, de hecho, un adversario formidable en el mundo de los insectos. Llegado el momento, la larva de avispa paralizará por completo a la mariquita hasta permitir que la avispa ya madura surja de su interior, un proceso que sin duda no debe resultar nada agradable para el hospedador. Pese a todo, una cuarta parte de las mariquitas pueden sobrevivir a semejante tortura. Este es uno de los casos más conocidos, aunque no el único, de parasitismo extremo que muchas veces se ha tildado de *zombificación,* dado que la especie huésped abandona todos sus intereses para centrarse únicamente en los de su parásito.

De hecho, algo similar es lo que hacen muchos virus que afectan tanto a los seres humanos como a otros animales. Los virus utilizan las infraestructuras de otros organismos, de las que ellos carecen, para replicarse sin control y a menudo generan síntomas que favorecen la propagación de la infección entre otros individuos. Desde luego, no se pretende decir que los virus realicen estas acciones *voluntariamente,* sino que con el paso de las generaciones (que en el caso de los virus son extremadamente rápidas) se van seleccionando las adaptaciones que permiten una mejor diseminación de la cepa y, así, una cepa que genere por ejemplo estornudos entre los organismos infectados, que a su vez infecten a nuevos individuos, puede terminar imponiéndose a otras cepas menos infecciosas. No está muy claro por qué algunos virus provocan la muerte del huésped: en algunos casos parece estar relacionado con la movilización de recursos del infectado para el desarrollo y multiplicación del propio virus. Pero, en muchos otros, es la propia respuesta protectora del sistema inmune la que llega a poner en aprietos la supervivencia del infectado[3].

Hubo una feliz época, anterior a 2020, en la que, cuando presentaba este escenario en mis charlas, el público alzaba una ceja con cierta incredulidad. Solo los más mayores habían vivido epidemias víricas especialmente intensas y mortíferas, como por ejemplo la gripe de 1957. La mayoría de las personas siguen considerando el SIDA provocado por el virus VIH como un estigma centrado en determinados sectores de la población con prácticas sexuales de riesgo, cuando incluso en el momento de escribir estas líneas ha infectado y causado más muertes que cualquier otra enfermedad infecciosa[4], incluso en 2020. Y aunque la mayor parte de las personas con cierta cultura conoce la gripe española de 1918 y el enorme impacto que tuvo en su momento, los adolescentes a los que muchas veces contaba esta historia lo veían como algo casi tan lejano como la prehistoria.

---

[3] Me pregunto si esta puede ser también una respuesta adaptativa: mejor morir que seguir contagiando.

[4] https://www.worldometers.info/aids/

Sin embargo, llegó 2020 con un virus respiratorio, altamente contagioso y que afectaba por igual a pobres y ricos[5], al estilo de la peste y sus danzas macabras de la Edad Media. A pesar de los múltiples avisos que la Organización Mundial de la Salud venía dirigiendo a los gobiernos de todo el mundo sobre la alta probabilidad de que un evento similar pudiera llegar a desencadenarse, prácticamente ningún país respondió con la celeridad necesaria, ni siquiera cuando la situación ya estallaba en los países del entorno.

No obstante, ¿es realmente posible provocar el apocalipsis con una enfermedad? Incluso epidemias como la peste negra, a pesar de provocar un número enorme de víctimas, dejaron una población suficiente como para que, no ya la especie humana sino la propia sociedad, se recuperara. Tal vez, en poblaciones humanas más pequeñas y aisladas el impacto sí que ha sido definitivo en algunas ocasiones, por ejemplo con las poblaciones originales del Nuevo Mundo que entraron en contacto con los conquistadores españoles y cayeron bajo sus gérmenes antes incluso de caer bajo sus armas. En algunos, está documentada la transmisión de enfermedades foráneas en poblaciones que ni siquiera habían llegado a entrar en contacto con aquellos conquistadores, que se encontraron al llegar años más tarde lugares despoblados sin razón aparente.

Podemos buscar en el reino animal algunos ejemplos de enfermedades destructivas, ya sean virus o parásitos en general. Posiblemente la peor de todas ellas es la quitridiomicosis, que afecta a la piel de los anfibios impidiéndoles regular el flujo de líquidos y electrolitos, provocando la muerte. Esta infección

---

[5] Lo cual solo es cierto potencialmente, dado que en la práctica las desigualdades siempre aparecen, ver por ejemplo: https://elpais.com/ciencia/2020-05-16/la-pandemia-golpea-a-los-que-menos-tienen.html

está motivada por dos hongos, *Batrachochytrium dendrobatidis* y *Batrachochytrium salamandrivorans,* ambos de muy reciente descubrimiento. La difusión de este hongo parece estar fuertemente ligada a la actividad humana y pone en riesgo a 501 especies de anfibios, con un nivel de riesgo muy diferente. Tal vez el 20% de estas especies ya se han extinguido en la naturaleza y otro 25% tiene tasas de destrucción superiores al 90%.

No es desde luego el único caso. Otro ejemplo sería el síndrome de la nariz blanca, también generada por infecciones fúngicas, en este caso en murciélagos, que pone en severo riesgo de extinción a 6 especies en América del Norte. También el virus del Nilo Occidental, que produce encefalitis en las personas, afecta a otras especies y es especialmente peligrosa para algunas aves, con 23 especies amenazadas por su causa. Pérdidas de biodiversidad semejantes solo se consiguen con especies invasoras como los roedores y los gatos domésticos, que se estima amenazan cada uno a más de 400 especies diferentes.

El potencial aniquilador de la propia vida es por lo tanto muy considerable. Aunque uno espera en principio que un patógeno termine generando una población inmune, por pequeña que esta sea, la realidad nos muestra que, especialmente cuando desplazamos especies de manera artificial de unos lugares a otros, podemos desencadenar una hecatombe potencialmente capaz de borrar del mapa a una especie o a un grupo de ellas que, normalmente pero no siempre, comparten características similares o son evolutivamente cercanas entre sí.

Este cuarto jinete del Apocalipsis puede ser quizá el más limitado de todos ellos. Dada, sin embargo, la complejidad de los ecosistemas, si un evento de este tipo afectara a formas de vida situadas en la base de la cadena trófica, el exterminio se podría propagar hasta alcanzar niveles realmente impresionantes, incluso a igualdad de otros factores. Aunque muy interesante, una discusión profunda del poder destructor de la propia vida no será desarrollado en mayor detalle en este libro, quedando el guante arrojado para que lo recoja algún especialista en biología y ecología.

Hemos visto en este capítulo que podemos hacer el esfuerzo de agrupar las causas posibles de aniquilación en cuatro grandes categorías o jinetes del Apocalipsis. El primero y el último hacen alusión a formas de vida que ya existen o se están creando en la actualidad: el ser humano y los patógenos, entendidos en un sentido muy amplio que engloba todo tipo de infecciones. No resulta sorprendente que la vida sea una amenaza para la propia vida, pero una de las especies, el *Homo sapiens,* parece haber adquirido una categoría superior, alcanzando a los dioses en cuanto a poder destructivo y provocando con su abundancia una oleada de consecuencias en cada uno de los pasos que emprende.

Aunque esas dos categorías son enormemente interesantes, aquí nos centraremos en los otros dos jinetes: las amenazas internas y externas. En primer lugar, aquellas que no requieren necesariamente ni el concurso de formas de vida ni el de ninguna causa exterior a nuestro planeta. En segundo lugar, causas externas que son completamente indiferentes a la presencia del pequeño planeta Tierra orbitando alrededor de una discreta estrella en la periferia de nuestra galaxia.

Capítulo 2
Afinando la puntería

Hasta ahora nos hemos limitado a explorar algunos orígenes probables para los problemas que pueden afectar a nuestra supervivencia. Sin embargo, han aparecido algunas dudas sobre lo que podemos considerar o no un apocalipsis. El objetivo de este capítulo es enfocar un poco mejor la cuestión. Para ello, vamos a reflexionar en primer lugar qué hace de nuestro planeta un sitio tan especial para nosotros. Si la Tierra fuera uno de los miles de millones de planetas habitables de nuestro entorno, su pérdida no tendría ningún valor especial y la humanidad podría ir simplemente saltando de una a otra roca en función de lo que dicten las situaciones. Una perspectiva muy diferente sería que la Tierra fuera un oasis único, aislado en un rincón de un universo frío y estéril, además de hostil. En tal caso, la tragedia de la pérdida sería irrevocable y la humanidad se encontraría atada al timón de su nave, y solo sería posible salvarse o perecer juntos. Estos aspectos los desarrollaremos de nuevo en el capítulo 8, desde la perspectiva de los posibles futuros de la humanidad (o incluso de la biosfera) si la desligamos del planeta.

Veremos también que la habitabilidad de nuestra Tierra posee un eslabón tremendamente débil, que no es otro que nuestra propia atmósfera. La atmósfera, al menos en lo que concierne a unos parámetros tan restrictivos como los que los organismos vivos toleran, no se encuentra en un equilibrio estable y, como ya hemos comentado en el capítulo anterior, hay muchas formas diferentes de desplazarla de su situación actual hacia escenarios muy diferentes y apocalípticos.

Algo positivo, dentro de esta situación dantesca en la que nos estamos sumergiendo, es que las cosas rara vez suceden una única vez en el universo. Aunque existen algunos contraejemplos, como su propio nacimiento a través del Big Bang, pero en términos generales casi todas las catastróficas desdichas que se nos pueden ocurrir ya han sucedido antes en numerosas ocasiones, incluso en nuestro planeta. Y tenemos la enorme capacidad, gracias a la paleontología y a la geología, de hacer hablar a los muertos del pasado para explicarnos qué fue mal en aquel momento y para ilustrar las condiciones que nos empujaron tan cerca del desastre. Incluso cuando esos eventos no hayan dejado huellas en la Tierra, es posible observar el resto de los sistemas planetarios y aprender sobre los riesgos que puede depararnos el futuro analizando el pasado.

Con todo ello, nuestro objetivo va a ser definir una escala de destrucción que permita imaginar una gradación en el poder destructivo de los diferentes peligros que en los siguientes capítulos vamos a discutir, indicando la probabilidad de que diferentes estructuras de la biosfera o del planeta en su conjunto se vean afectados. No será tanto como las escalas de los terremotos, que dan una información cuantitativa y mensurable, sino como los niveles de alerta de un país al enfrentarse a las emergencias: un conjunto sencillo de escalones que describen de forma cualitativa cuán probable es que se desencadene el problema en cuestión.

La fragilidad de Ricitos de Oro

La zona Goldilocks se ha convertido en un comodín en la búsqueda de vida en otros planetas, una idea brillante pero que se usa a menudo con demasiada ligereza. Sin embargo, empecemos por el principio: ¿quién demonios es Goldilocks y qué pinta en el fin del mundo?

Hubo una vez un estudiante de astrofísica, cuyo nombre omitiremos por discreción[6], que leía voluntariosamente todo tipo de libros sobre ciencia. Sus conocimientos de inglés eran bastante limitados por aquella época y uno de sus grandes problemas era que entendía las palabras, pero no siempre los juegos que se pueden hacer con ellas. Así, cuando aquel estudiante leyó sobre "la zona de Goldilocks" imaginó al profesor Goldilocks, tal vez de algún afamado instituto americano o del proyecto SETI, adornado con unas gruesas gafas con montura de pasta y pelos imposibles de domar, aunque raleando ya en algunas zonas de su cráneo privilegiado. Craso error.

La zona Goldilocks hace referencia al viejo cuento infantil de Ricitos de Oro y Goldilocks significa literalmente "rizos dorados". Ahora es fácil reírse, en la época de Youtube. Fueron tiempos duros para los que peleamos en las bibliotecas de finales del siglo XX. Así, el gran concepto de la astrobiología se basa sencillamente en la frase de "ni demasiado frío, ni demasiado caliente, justo a la temperatura perfecta", que dice la pequeña Ricitos de Oro cuando se encuentra con los tres platos de sopa de los tres ositos, cuya casa "okupa" con el mayor descaro del mundo.

Ahora bien, demasiado frío o demasiado caliente, ¿para qué? La respuesta es al mismo tiempo sencilla y de una com-

---

[6] Esto es lo que se suele llamar "esconder algo a plena vista".

plejidad subyacente apabullante. Comenzando por la respuesta corta, sería aquel con la temperatura exacta para ser exactamente igual que la Tierra, a igualdad del resto de condiciones. Es decir, para poder tener agua líquida en su superficie. Más concretamente, para poder alcanzar el punto triple del agua en las condiciones de presión y temperatura que se alcanzan en la superficie del planeta. Este requerimiento tan específico para un elemento químico no es en absoluto casual. El agua es una molécula con muchas propiedades peculiares. Por ejemplo, sus cambios de densidad entre los diferentes estados hacen que el agua sólida, o hielo, sea menos densa que el agua líquida, lo que implica que flota y que el hielo tiende a colocarse en la parte superior de los depósitos de agua líquida. Esto tiene profundas implicaciones de cara a la vida, por ejemplo, permitiendo que la vida continúe bajo la superficie helada de los lagos en invierno.

Hay otra propiedad aún más interesante: la polaridad de la molécula de agua. Aunque la molécula es eléctricamente neutra porque tiene el mismo número de cargas positivas y negativas, dichas cargas no se encuentran distribuidas por igual en la molécula. Podríamos decir que hay más cargas positivas hacia el lado en el que se encuentra el hidrógeno, o negativas hacia el contrario, en el entorno del oxígeno. Esto genera un cierto comportamiento eléctrico, lo que técnicamente se llama un momento dipolar. Quizá no es un efecto tan poderoso como tener una carga eléctrica neta, pero es más que suficiente para desencadenar otro tipo de fenómenos. Resulta que esta polaridad hace que las grasas no se disuelvan nada bien en el agua y que las moléculas de agua y los lípidos puedan formar unas estructuras cerradas. El giro de guion llega cuando nos percatamos de que ese tipo de estructuras es el que conforman todas las células que conocemos, con unas paredes o membranas formadas por grasas e inmersas en un medio acuoso. Es decir, que la cápsula básica de las formas de vida pudo surgir de forma espontánea en una química adecuada, y esa química requiere la presencia de agua.

Así que, si queremos encontrar vida, parece un requerimiento bastante razonable empezar a buscar lugares donde podamos tener agua líquida. En este punto, mucha gente suele preguntarme: ¿pero no podría darse la vida en otras condiciones químicas que no requieran la presencia de agua? Mucho se podría discutir al respecto y no entraremos aquí en tanta profundidad, así que nos agarraremos a un argumento mucho más sencillo: el único caso de planeta habitable que conocemos es la Tierra y en nuestro planeta tenemos agua y la necesitamos[7]. Por lo tanto, de nuevo, el requerimiento de agua es un buen comienzo para acotar nuestra búsqueda de planetas habitables. Esto no impide que podamos buscar otras alternativas, pero no serán nuestra principal línea de trabajo.

Dicho esto, ¿qué necesitamos para encontrar agua líquida en la superficie de un planeta? Esencialmente tres cosas: la molécula en sí, y la presión y temperaturas adecuadas. La forma más sencilla de comenzar será tratar de asegurarnos de que conseguimos la temperatura perfecta. Dado que los planetas que nos interesan giran en torno a estrellas, la lógica más elemental nos indica que deberemos situarnos cerca de la estrella si esta es fría y más lejos si es caliente. Esto es, en primera instancia, lo que gobierna la zona Goldilocks o, como la llamaremos de aquí en adelante, la *zona de habitabilidad*.

La temperatura que tiene un cuerpo que orbita alrededor de una estrella depende de dos parámetros básicos, que son

---

[7] Es lo que suele llamarse principio antrópico.

bastante evidentes. El primero es la temperatura de su estrella, el segundo la distancia que le separa de ella. La temperatura de las estrellas en su superficie[8] depende esencialmente de su masa. Cuanto mayor sea esta, más caliente estará la estrella. Y viceversa, a menor masa, menor temperatura. El radio juega un papel un tanto más complicado, ya que las estrellas tienden a hincharse en las etapas finales de su vida.

Sin embargo, no todas las estrellas emiten el mismo tipo de luz y esto también depende de su temperatura: las más calientes emiten más radiación ultravioleta, las más frías emiten radiación esencialmente infrarroja. Nuestro Sol, con una temperatura intermedia, es un excelente emisor de luz visible: nuestros ojos han evolucionado precisamente para adaptarse a este tipo de radiación electromagnética porque es la más abundante en nuestro entorno cósmico. Un punto más a tener en cuenta.

Pero, como en los anuncios de teletienda, aún hay más. La forma en la que emiten esa luz también es variable. Las estrellas más frías tienen intensos campos magnéticos y son capaces de generar fulguraciones y emisiones repentinas de grandes cantidades de energía. Así, la vida podría ser incluso más complicada cerca de ellas que de astros aparentemente más poderosos. En el Sol, las manchas solares y las tormentas solares son la manifestación más evidente de estos campos magnéticos. Curiosamente, nuestra estrella parece ser más tranquila que la mayoría de las estrellas de su temperatura lo que hace que estas perturbaciones sean más moderadas que en otros casos.

Abandonemos la estrella rumbo ahora hacia el planeta. Toda esa energía que sale de la estrella debe repartirse por el

---

[7] En los núcleos de las estrellas, las temperaturas alcanzan siempre millones de grados, suficiente para desencadenar las reacciones nucleares que permiten a estos astros emitir gran cantidad de energía.

espacio vacío de forma que, a doble de distancia, solo queda un cuarto de la energía. Marte, por ejemplo, se encuentra solo un 50% más lejos del Sol que nosotros, pero recibe menos de la mitad de energía. Así que la distancia es una forma sencilla de controlar la energía de la que dispone el planeta para calentarse. Pero no es la única.

Un parámetro fundamental a la hora de regular la temperatura de un planeta, y que muchas veces se pasa por alto, es la composición atmosférica. Es tan importante que un poco más adelante le dedicaremos el espacio necesario para hablar de sus implicaciones, pero la capacidad de desarrollar un efecto invernadero va a delimitar la eficiencia del planeta para aprovechar la radiación que llega de la estrella. Así que la zona de habitabilidad viene condicionada necesariamente por la composición atmosférica.

En párrafos anteriores he señalado "a igualdad del resto de condiciones" para definir una atmósfera templada. Y es que una primera hipótesis puede ser imaginar una atmósfera exactamente igual a la nuestra: misma cantidad de nitrógeno, oxígeno, dióxido de carbono, etcétera. Los diferentes estudios divergen, pero los más conservadores, replicando exactamente la atmósfera terrestre, señalan que nuestro planeta podría situarse un 5% más cerca del Sol o bien un 1% más lejos y seguir siendo habitable. Otros trabajos han sido algo más generosos con estos límites, sobre todo si permitimos variaciones sustanciales de la composición atmosférica. En el caso más extremo, hay quien sostiene que podría retenerse calor suficiente a distancias equivalentes a la que ocupa el cinturón de asteroides en nuestro Sistema Solar.

Es posible ser más o menos optimista sobre la anchura de la zona de habitabilidad, siendo más o menos generoso con lo diferente que una atmósfera habitable podría ser respecto de la nuestra. Sin embargo, es inevitable ver lo tremendamente estrecho que puede ser el filo de esta navaja. Un pequeño cambio atmosférico, o una variación del brillo de nuestra estrella[9], puede ser suficiente para dejarnos fuera de la zona habitable y pone de manifiesto la tremenda debilidad de nuestra querida Ricitos de Oro.

El eslabón más débil

Dicen que una cadena se rompe siempre por el eslabón más débil y probablemente cualquier ciclista puede confirmarlo. Si uno se encuentra en la bolera y debe tirar todos los bolos, nadie en su sano juicio piensa que con una sola bola de tamaño normal va a poder impactar simultáneamente en todos ellos y derribarlos. En cambio, todos pensaríamos en la mejor estrategia en términos de velocidad, dirección y sentido que permitiera que unos bolos empujaran a los siguientes y nos llevaran al deseado pleno[10].

A la hora de provocar la destrucción en un mundo, como los eficientes dioses devastadores a los que estamos representando, podríamos llevar el mismo razonamiento al plano del apocalipsis. ¿Cómo podemos provocar el máximo daño con la mínima intervención?

Hagamos una aproximación muy básica del problema. La masa de la Tierra en su conjunto es una cantidad enorme com-

---

[9] Estrictamente hablando, también podríamos encontrarnos con un cambio en la distancia Tierra-Sol. Nuestra órbita es bastante estable pero fenómenos catastróficos internos o externos también podrían alterarla expulsándonos de la zona habitable. Abordaremos esto en capítulos siguientes.

[10] Como buen teórico, soy un pésimo jugador de bolos, pero al menos tengo las ideas claras.

parado con las que solemos manejar. Sus aproximadamente seis cuatrillones de kilogramos son, sin embargo, una pequeña fracción de la masa solar (1 entre 330.000, aproximadamente) o incluso de la joviana (más o menos 1/317). La atmósfera, en cambio, tiene una masa un millón de veces más pequeña que el planeta entero. Una parte particularmente delicada y crítica para nuestra supervivencia es la capa de ozono. Su masa es, a su vez, una millonésima de la masa atmosférica y, por lo tanto, una billonésima de la masa total. Si asumimos que la energía necesaria para destruir un sistema complejo es proporcional a su masa, entonces requiere un billón –con b– de veces menos energía acabar con la capa de ozono que volatilizar el planeta por completo.

Esta imagen fue tomada en 2010 desde la Estación Espacial Internacional cuando sobrevolaba el océano Atlántico cerca de las costas de Brasil. En ella percibimos el pequeño espesor de nuestra atmósfera frente a la curvatura de nuestro planeta. (© Earth Science and Remote Sensing Unit, NASA Johnson Space Center)

Sin embargo, estas no son las únicas cantidades interesantes. Se estima que la biosfera en su conjunto es cien veces más pesada que la capa de ozono, requiriendo la misma proporción adicional de energía para ser desintegrada. La humanidad solo tiene una décima parte de la masa de ozono, lo que la convierte en aún más frágil según este sencillo modelo. En su novela *Seveneves,* Neal Stephenson nos propone un magnífico y sencillo mecanismo para la destrucción a través de nuestro propio satélite, cuya masa es unas nueve veces menor que la de la Tierra. En términos astronómicos, cualquier fenómeno que fuera capaz de arrasar con la Luna, seguramente se llevaría también nuestro planeta por delante. Dado que parece haber otros elementos más débiles, abandonaremos la hipótesis del apocalipsis lunar en favor de otros escenarios más probables.

Desde que tenemos la suerte de ver la Tierra desde el espacio, somos muy conscientes de la tenue capa de gas que recubre la superficie: la atmósfera. Lo único que retiene esta fina capa de unos pocos kilómetros de espesor es la fuerza de la gravedad. De hecho, los átomos más ligeros tienden a escaparse al espacio, mientras que los más pesados son más renuentes a alejarse de la gravedad terrestre. Eso nos ha permitido conservar unos pocos gases que no solo son fundamentales para que nosotros respiremos, sino también para estabilizar la temperatura en la superficie, como comentábamos un poco antes. Aquí estamos en presencia del eslabón más débil de nuestra cadena.

Si deshacer la dura roca es complicado y requiere de una inversión importante de energía, alterar significativamente un medio que es un millón de veces menos denso resulta en comparación mucho más sencillo.

Además, dejando a un lado los cambios climáticos de diversa índole que abordaremos un poco más adelante en el libro, hay un ejemplo muy claro de cómo una relativamente pequeña modificación de la composición atmosférica puede amenazar a la vida en la superficie. Hablo por supuesto del llamado agujero de la anteriormente mencionada capa de ozono que, por si queda algún despistado, no tiene ninguna relación directa con el cambio climático.

El ozono es una molécula formada únicamente por tres átomos de oxígeno. Se forma de diversas vías naturales en nuestra atmósfera, por ejemplo debido a la actividad eléctrica durante las tormentas. También se forma a través de la interacción de las moléculas normales de oxígeno, compuestas por solo dos átomos, con los rayos ultravioletas que vienen del Sol. De hecho, este mecanismo interviene tanto en la formación como en la destrucción de esta molécula, imponiéndose una u otra en función de las circunstancias ambientales. A unos 25 kilómetros de altura sobre la superficie de la Tierra, la concentración de ozono alcanza su máximo porque se conjugan en ese punto las condiciones ideales para mantener el equilibrio dinámico necesario. Es lo que llamamos la capa de ozono.

La capa de ozono juega un papel muy importante para la vida de nuestro planeta. Al interaccionar con la luz ultravioleta, absorbe casi la totalidad de los llamados rayos UVC y parte de los UVB. Si has oído hablar del bronceado por rayos UVA, los hermanos pequeños de los anteriores, sabrás que se trata de radiación de longitud de onda demasiado corta como para que nuestros ojos la perciban, pero que aun así es capaz de producir cambios notables en nuestro organismo, por ejemplo afectando al tono de nuestra piel. Mediante la agresión de esta luz altamente energética conseguimos estimular algunos procesos químicos de nuestro cuerpo hasta lograr broncearnos. La belleza es por supuesto subjetiva, pero resulta delirante haber llegado alguna vez al punto de considerar que semejante ataque al organismo puede ser deseable. Los UVA son, sin embargo, menos peligrosos que los UVC, cada uno de los cuales transporta bastante más energía. Más allá de afecciones dérmicas, los UVC tienen un gran potencial esterilizador y con tal fin se emplean en hospitales, ya que son capaces de eliminar de forma muy eficiente todo tipo de microorganismos, desde virus hasta bacterias.

Para ver lo que sucedería con nuestro planeta si no tuviéramos el escudo protector de la capa de ozono nos podemos asomar a nuestro vecino Marte. El planeta rojo tiene una atmósfera muy tenue, con una presión atmosférica en superficie que es menos del 1% de la presión terrestre. El oxígeno es además muy escaso, algo más de 100 veces menor que en nuestro planeta, relativo al total del aire. Con todo, existe capa de ozono en Marte y, aunque es unas 3.000 veces menos densa que la de nuestro planeta, la descubrimos gracias a la Mariner 7 a principios de los 70. En las latitudes medias del planeta, la capa de ozono se sitúa a unos 50 km de altura sobre la superficie.

¿A qué se deben todas estas diferencias con el ozono? Hay varias razones, ya que la química atmosférica es muy diferente en ambos casos. Habría que destacar la diferente proporción de oxígeno en ambas atmósferas. El oxígeno en la Tierra viene en su inmensa mayoría de la actividad biológica, fruto de una contaminación creada por los microorganismos fotosintéticos. Algo que no tenemos evidencia de que llegara a pasar en Marte, donde el ozono se tiene que formar por vías puramente inorgánicas.

Como resultado de todo esto, la radiación UV que llega a la superficie de Marte es aproximadamente la misma que en la Tierra, a pesar de encontrarse un 50% más lejos del Sol. Peor aún, las longitudes de onda más cortas (los rangos UVC y UVB) constituyen en Marte una fracción mucho más notable que en nuestro planeta. Cualquier forma de vida que se situara en la superficie de Marte, ya sea un astronauta de la NASA o un microbio marciano, tendría que lidiar con ese exceso de radiación ionizante, con todos los problemas que ello desencadena en su estructura molecular.

Satisfechos como estamos de este escudo protector que la propia vida había sido capaz de colocar sobre su cabeza, nos encontramos en los años 70 del siglo pasado con una sorpresa: la cantidad de ozono no es constante y, peor aún, su concentración sobre regiones como la Antártida estaba descendiendo de forma alarmante en un período de tiempo de décadas, alcanzando su mínimo a finales de los años 90. Con el descenso del ozono, encontramos necesariamente un incremento de la radiación ultravioleta que alcanza la superficie. Un potencial problema para nuestra supervivencia.

Después de años de investigación, se llegó a la conclusión de que los responsables de este proceso de destrucción del ozono eran unas moléculas llamadas CFCs que se usaban en frigoríficos, sistemas de aire acondicionado y como propelentes para esprays. Aunque expulsadas en un número muy modesto al aire, la circulación atmosférica tendía a agruparlas en las regiones polares, donde desencadenan su poder de cancelación de ozono, revirtiéndolo a su forma más común de oxígeno molecular. Todo ello, en unas cantidades aparentemente muy poco importantes, fue suficiente para desencadenar una serie de cambios que estaban ya muy avanzados para cuando pudimos darnos cuenta.

Afortunadamente, la respuesta internacional estuvo a la altura y fue capaz de regular la emisión de estas partículas, disminuyendo notablemente su concentración y eventualmente recuperando el ozono sobre la Antártida en el año 2019. La historia no es tan sencilla como aquí la presentamos, dado que por el camino descubrimos variaciones temporales intrínsecas del ozono. Tampoco la solución fue tan completa ni definitiva como sería deseable, debido a la fluctuación económica de países como China, que parecen haber recuperado estas emisiones con potenciales problemas en el futuro.

Esta historia, que es en general bien conocida, ejemplifica a la perfección la fragilidad de nuestra atmósfera y lo delicados e inestables que pueden ser los equilibrios que nos permiten vivir tal y como lo hacemos en la actualidad. Temperaturas agradables que damos por sentadas, entornos libres de excesiva radiación ionizante, aire respirable, son realmente equilibrios delicados sobre los que poseemos una influencia extraordinaria y cuya eliminación puede resultar en catástrofes de alcances inimaginables. Un cambio tan pequeño como pasar de la Tierra a Marte tiene unas consecuencias definitivas sobre la habitabilidad del entorno.

En resumidas cuentas, el eslabón más débil en lo que respecta a nuestra supervivencia es, sin duda alguna, nuestra atmósfera. Es tan delgada y frágil la capa que nos separa del desastroso vacío del espacio, que cualquier pequeña perturbación puede conducirnos por la pendiente resbaladiza de la aniquilación. Por un lado, hemos visto que su reducida masa la convierte en el blanco más asequible de la diana cósmica; por otro, sus complejos interacciones internas la hacen aún más delicada y la desaparición de un constituyente menor puede ser suficiente para desestabilizar el resto de la atmósfera y, por extensión, de la biosfera. Lejos de ser el duro casco de un astronauta, diseñado para afrontar los rigores del espacio, nuestra atmósfera es más bien una delicada pompa de jabón que nos envuelve y paradójicamente nos protege a pesar de su intrínseca debilidad.

Quién habla en nombre de los muertos

Dicen que quien no conoce su historia está condenado a repetirla. Es de suponer que esta frase se refiere solo a historias que no queremos volver a vivir y que, sin embargo, nos encontramos repetidamente, sin saber bien ni cómo ni por qué. Preparémonos entonces a repasar nuestra historia o, al menos, a encontrar algunos métodos para actuar como detectives capaces de detectar los potenciales eventos catastróficos que, si bien por razones obvias no desencadenaron una destrucción total, estuvieron cerca de hacerlo o lo harían si sucedieran en la actualidad. Sin embargo, más allá de los registros históricos, ¿quién podrá hablarnos de las cosas que sucedieron en el pasado?

Por suerte, o por desgracia, tal vez no caminemos a hombros de gigantes, pero sí lo hacemos sobre los restos de todos los que nos precedieron, grandes o pequeños. Los seres vivos alteramos el medio a nuestro paso de muy diferentes formas. La más evidente de todas ellas es que, al morir, nuestros restos quedan depositados en la superficie. Desde luego hay restos mortales de muy diferente tipo: tenemos organismos con partes duras (huesos, conchas, dientes, etcétera) y otros que no poseen nada que dejar detrás de ellos. También hay terrenos muy variados: algunos serán duros e impenetrables, otros serán blandos y alojarán cómodamente lo que dejen caer esos seres vivos al morir. El caso es que, en las condiciones adecuadas, los seres vivos pueden dejar lo que llamamos restos fósiles, que no sería más que la huella de sus cadáveres en el estrato de terreno en el que se encuentren. Cuidado, no es, como mucha gente piensa, el diente de tiburón lo que nos encontramos paseando por el campo, sino el molde que la naturaleza ha hecho de ese diente, hace millones de años.

En ocasiones, el registro fósil se muestra con una riqueza apabullante. Este "muro de los trilobites" expuesto en el Museo de Historia Natural de la Universidad de Oxford es un buen ejemplo de ello y combina restos de trilobites con algunas estrellas de mar que vivieron hace unos 450 millones de años en lo que hoy en día es Marruecos. (© Alejandro Quintanar)

Este registro fósil nos cuenta una historia sobre la naturaleza. Nos habla de aquellos que ya no se encuentran en nuestros ecosistemas, pero que una vez estuvieron y fueron capaces de dejar algún resto en el lugar y momento oportunos. Caminando por muchos montes, no es raro que nos encontremos entre las rocas los restos de algunos organismos con conchas. Al quedar expuesto algún corte, apreciamos con asombro lo que parecen ser cosas parecidas a mejillones, o tal vez con un poco más de práctica descifremos la presencia de huellas de erizos de mar, por ejemplo. ¿Cómo es posible que queden en las montañas los restos de seres que, normalmente, encontramos cerca de las playas? La razón es que esas piedras, ahora tal vez a más de mil metros de altura, se formaron hace millones de años debajo del agua. Allí, y entonces, se acumularon las conchas y los restos de los animales marinos que morían. Esos restos iban quedando aprisionados bajo capas cada vez más recientes y se iban formando las rocas calizas que actualmente pisamos con nuestros pies. Pero los océanos se retiraron, y el suelo se vio elevado por las inmensas fuerzas que crean las montañas y dan forma a la corteza de nuestro planeta. Y, finalmente, lo que era el fondo del mar es ahora el lapiaz o la ladera de una montaña que nos ha costado un gran esfuerzo coronar.

Los muertos del pasado nos hablan para contarnos esta historia y nos permiten trazar una línea que fácilmente se extenderá durante millones de años e incluso más, mucho más, y que nos va a permitir documentar algunas de las cosas que sucedieron, en particular las que se más se repitieron o las que supusieron un corte brusco en la línea de los acontecimientos.

Como auténticos detectives, los geólogos y paleontólogos identifican las diferentes capas de terreno y cómo se superponen, estudian la forma en la que se pliegan y deforman y, finalmente, son capaces, mediante diferentes métodos, de fechar la edad de los diversos estratos y, por extensión, de los organismos que dejaron sus huellas en forma de fósiles. En primera instancia, esto nos permitió trazar las líneas que emparentan a unos seres vivos con otros. Al menos hasta la llegada de la secuenciación genómica, que nos concedió una visión mucho más aguda sobre la historia de la evolución, tanto en lo relativo a los parentescos como en las cronologías.

Es decir, este registro fósil es una huella de la vida que nos permite conocer momentos en los que la Tierra sufrió períodos traumáticos. Por ejemplo, una extinción masiva deja una cantidad inusitada de fósiles en un período de tiempo geológicamente muy corto. Una explosión evolutiva genera un montón de formas de vida diferentes también en un estrato muy delgado del terreno. Parte de lo que haga la vida quedará así grabado y registrado y nosotros podremos utilizarlo para mejorar nuestra comprensión sobre nuestra biosfera. Parte, pero no todo. Una parte de la información se perderá y deberemos recomponerla por otras vías o asumir que nunca llegaremos a conocerla.

Pero, ¿y qué sucede con la Tierra inerte? ¿Existe un equivalente del registro fósil? Al hablar del Antropoceno ya ha quedado claro que cualquier actividad lo suficientemente intensa o repetida es capaz de dejar una huella en el registro geológico. Si un buen día recibiéramos una lluvia radioactiva procedente del espacio exterior, las finas partículas que fueran capaces de atravesar nuestra atmósfera y alcanzar la superficie quedarían acumuladas sobre ella. El resto de sedimentos se irían acumulando de forma normal por encima y ese residuo quedaría sepultado cada vez más profundamente. Tal vez un geólogo, millones de años después, fuera capaz de detectar esa capa extraña, ajena a los procesos habituales de nuestro mundo. Quizá por su composición o por su grosor o porque se encuentra distribuida geográficamente de una manera muy extensa. Sin embargo, hay algunos problemas. Por ejemplo, podemos confundir el material por alguno terrestre. O quizá la lluvia de radiación fue tan fina que la capa es indetectable en la práctica. O ni siquiera alcanzó la superficie. Estos problemas pueden ser definitivos pero con un poco de ingenio y algo de suerte a veces es posible revertir la situación y completar el delicado y complicado informe que el registro geológico nos lega.

Un momento: ¿una lluvia radioactiva del espacio exterior? ¿Puede ser esto cierto? Es algo que iremos viendo en los capítulos sucesivos pero la respuesta corta es sí, por supuesto. Diferentes eventos astronómicos son capaces de eso y mucho más. Más aún, el tipo de elementos radioactivos que nos alcancen pueden ser inequívocamente identificados como extraterrestres si son imposibles de encontrar en nuestro planeta en semejante proporción. Lo cierto es que la Tierra ha seguido una serie de procesos muy particulares que no comparten las estrellas ni tampoco cuerpos pequeños del Sistema Solar. Pongamos entonces que las huellas existen y somos capaces de identificarlas. El siguiente problema sería encontrarlas. Un geólogo podrá explicar los detalles con mucho más criterio que un simple astrónomo así que, para no meterme en camisa de once varas, me limitaré a dos situaciones que han sido relevantes en los últimos años para la astronomía. La primera serían los testigos de hielo antártico; la segunda serían los depósitos oceánicos. Si perforamos muy profundamente el hielo en la Antártida podremos acceder a hielo depositado miles de años antes, que ha permanecido inalterado frente a muchos de los procesos que borran las huellas a otras latitudes, unas condiciones que difícilmente se consiguen en otros lugares. Algo más complicado es estudiar los depósitos del fondo oceánico, pero tenemos la suerte de que ciertos materiales radioactivos son preservados y detectados de forma sencilla en ellos.

Otra ventaja de los cataclismos cósmicos es que a menudo no están tan focalizados como para centrar su destrucción en un solo cuerpo, sino que afectan a una región mucho más amplia del espacio. Parte de las huellas que podemos estar buscando podrían estar en un lugar cercano pero muy diferente, sin unos elementos tan activos que borren las pruebas del delito. Tenemos la enorme suerte de contar con un satélite como la Luna, en el que algunas evidencias han quedado sin que nadie haya sido capaz de borrarlas. La dificultad está en ir allí y recopilar todas esas muestras. Gracias a los astronautas de las misiones Apolo hemos llegado a almacenar casi 400 kg de rocas lunares, unas mil veces más de lo que hemos llegado a acumular mediante misiones robóticas. Ese es un auténtico tesoro que debemos preservar hasta que seamos capaces de analizarlo en las mejores condiciones posibles. O bien organizar nuevas misiones capaces de seguir recogiendo muestras representativas, con los medios que se consideren oportunos. Tal vez nuevos astronautas, tal vez nuevos robots cada vez más poderosos y capaces. Como se puede ver, el eco de la aniquilación es muy fuerte y puede ser permanente. Observando con atención a nuestro alrededor podemos aprender a identificar las voces del pasado que nos precedieron y conocer los riesgos a los que se tuvieron que enfrentar los habitantes de nuestro planeta: qué problemas fueron definitivos y cuáles, en cambio, pudieron ser soslayados de alguna manera. Utilizaremos esta información con una forma sana de comprobar la posibilidad de eventos que a menudo se nos antojarán improbables pero que, tras una pequeña investigación, se revelarán no solo como probables sino, a veces, como frecuentes.

Grados de destrucción

Nos quedan ya pocos charcos que pisar antes de meternos en materia. Hasta ahora he ido evitando cuidadosamente el más grande de todos ellos: ¿qué queremos decir cuando hablamos de destrucción? ¿Cuánto debemos destruir para considerarlo "un apocalipsis"? A los seres humanos nos encanta crear categorías y pensar en ellas como compartimentos estancos independientes. Nos gusta pensar que la naturaleza se distribuye en cajones. Pero no es así. La mayoría de los eventos naturales se gradúan en un continuo y establecer la frontera entre un nivel y el siguiente es completamente arbitrario. Cuidado, no hablo de todos los eventos naturales porque en algunos casos sí existen niveles críticos que convierten la probabilidad de que algo pase en binaria: o todo o nada. Pero, con mayor frecuencia, la forma en la que el universo se desarrolla no casa bien con la forma en la que funciona nuestra cabeza.

Dado que aún no tenemos planes editoriales fuera de nuestro planeta, vamos a intentar crear algunas de esas categorías que nos hacen sentir tan cómodos. De esta forma, proponemos una serie de cajas *como si fueran independientes,* aunque, cómo decirlo, en realidad sea mentira. Todas esas fronteras serán esencialmente arbitrarias, aunque quizá nos resulten útiles para comprender el universo un poco mejor.

De todo lo visto hasta el momento, resulta bastante evidente que lo más frágil que hay sobre la superficie de la Tierra es nuestra propia civilización, definamos este concepto como lo definamos. La compleja red de relaciones económicas, sociales y culturales que hemos trazado a nuestro alrededor se ha visto amenazada en muchas ocasiones en los últimos 5.000 años y se ha enfrentado a diversas alteraciones bastante importantes. Quizá solo en China podamos encontrar un ejemplo de cohesión cultural que, también con notables interrupciones y sobresaltos, ha perdurado durante milenios de una forma más o menos reconocible. En Europa, grandes civilizaciones como la romana cayeron dejando tras de sí una cultura fragmentada y menos luminosa que la anterior. En otros lugares del globo, poderosos imperios han sido arrasados sin miramientos por los recién llegados, a veces involuntariamente, más a menudo mediante una sistemática destrucción que borró por completo el legado de culturas que las precedieron.

Esta destrucción no ha sido únicamente autoinfligida. Algunas culturas localmente concentradas, en islas por ejemplo, han sido particularmente castigadas por desastres naturales. Volcanes, maremotos o cambios climáticos parecen estar detrás de la mayoría de estos eventos. Que sepamos, hasta la fecha solo las civilizaciones más expuestas a estos riesgos por su ubicación o forma de vida han sido eliminadas. Sin embargo, hay un miedo creciente a que la forma en la que vivimos en las sociedades autodenominadas como democracias capitalistas sea un riesgo para, precisamente, este mismo modo de vida. Principalmente, el cambio climático que deriva en buena medida de nuestros hábitos de consumo es una de las mayores amenazas a las que actualmente nos enfrentamos.

Por lo tanto, nuestro primer escalón de destrucción será a nivel de *civilización*. En un evento destructivo de esta amplitud, los seres humanos no serían borrados de la faz de la tierra por completo, aunque pudiera haber muchas bajas. En este caso, lo que desaparecería sería nuestra forma de vida, entendida de un modo muy amplio, que modificaría significativamente la forma en que nos relacionamos entre nosotros y con el resto del planeta. Veremos que muchos cataclismos pueden actuar de una manera casi quirúrgica, extirpándonos del planeta casi con total limpieza.

Una operación de estas características puede irse de las manos muy fácilmente, llevándonos al siguiente nivel de destrucción. ¿Y si por alguna razón se volviera inviable la supervivencia de los seres humanos? En tal caso, nuestro escenario habría ascendido un escalón más llevándonos al nivel de *especie*. Es muy posible que, con nuestra eliminación, otras especies se vieran severamente comprometidas, por ejemplo todas aquellas especies domésticas que nos rodean y, por lo tanto, en este nivel, nos estamos refiriendo a la desaparición de unas pocas especies interrelacionadas entre sí.

Aunque aplicar el ejemplo a la humanidad resulta lo más socorrido, no es la única posibilidad. Un buen ejemplo sería la mixomatosis de los conejos. Esta enfermedad puede provocar la muerte del 70% de los conejos en unos pocos días. Estimulados por semejante tasa de mortalidad, algunos aprendices de ecólogos trataron de controlar las incontrolables poblaciones de conejos en diversos países a base de introducir la enfermedad y sentarse a contemplar cómo, pasado el tiempo, aquellas se reducían drásticamente. Perdónenme todos los biólogos que lean estas líneas por sugerir que los "conejos" son "una sola especie", porque la realidad está muy lejos de ser así y los problemas de mixomatosis afectan también, por ejemplo, a la liebre ibérica. En todo caso, aquí nos estaríamos refiriendo a un escenario en el cual el apocalipsis solo afecta a una especie o a unas pocas muy similares entre sí.

Pero los seres vivos nunca son compartimentos estancos. Los ecosistemas relacionan unas formas de vida con otras y la desaparición de uno de los elementos pone en aprietos a todos los demás. Así, la enfermedad y muerte de los conejos supuso el declive de varias especies de rapaces. Quizá no es un riesgo definitivo, sino que implica un proceso de adaptación al que estas segundas especies deben responder para sobrevivir. De hecho, siendo completamente francos, ni siquiera la enfermedad es normalmente definitiva porque siempre deja alguna fracción de la población inmune o inmunizada. Hoy es un hecho que las poblaciones de conejos inmunes a la mixomatosis se propagan por los campos en los que antes morían sus congéneres.

Quizá alguien esté pensando ahora en, por ejemplo, los dinosaurios. Esto es mucho más que una especie y la cultura popular sugiere que fueron completamente borrados del mapa por un evento cataclísmico. En este caso, la destrucción a nivel de especie se nos queda corta y podemos hablar de destrucción a nivel de *clado*. Un clado, definido de una forma bastante laxa, sería una rama del árbol de la vida, todos los descendientes de un antepasado común. Mucho más que una especie y mucho menos que un reino de la vida. Los dinosaurios abarcaban de hecho varios de estos clados, pero la mayoría de ellos no fueron capaces de adaptarse a los cambios radicales introducidos en la biosfera en un período de tiempo relativamente corto y desaparecieron. Y con ellos, todas las posibilidades evolutivas que ofrecían. Estoy pintando, una vez más, un cuadro de brocha gorda, pero cuando el problema está en un elemento más profundo puede afectar a toda una serie de especies emparentadas entre sí, no tanto vinculadas a través de un ecosistema. No hay relaciones de dependencia entre esas especies o, si las hay, no son la causa de su desaparición. En cambio, hay parentesco evolutivo y un evento catastrófico puede poner de manifiesto un problema de diseño oculto y eliminar de un plumazo un montón de primos del planeta.

Otro ejemplo más reciente de destrucción de clado podría ser, si nadie lo soluciona, el de las abejas. Nada sorprendente si pensamos en que casi el 40% de las especies de insectos están actualmente amenazadas de extinción. En particular, el clado *Antophila* (literalmente, "los que aman a las flores"), dentro de los himenópteros (que incluye a las avispas), parece estar pasando por un muy mal momento, sin que hasta ahora se haya identificado de forma clara y definitiva el origen del problema. Lo cierto es que las poblaciones de abejas están de capa caída y sobrellevando con gran dificultad algo que aún no hemos localizado, posiblemente relacionado con plaguicidas y/o el cambio climático. Aquí tenemos una rama del árbol de la vida en serios problemas, aunque el resto de ramas que hay alrededor tampoco se encuentren en muy buen estado.

Si uno sacude demasiado el árbol, corre el riesgo de que este se quiebre por completo. ¿Podría algún cataclismo llegar a producir una destrucción a nivel de *biosfera*? Por supuesto que sí, como veremos en los siguientes capítulos. Hay una serie de mecanismos por los cuales podríamos transformar la rica Tierra actual en un páramo completamente desolado, totalmente desprovisto de formas de vida. Una destrucción de *biosfera* no es tan sencilla como a veces se ha dado a entender y desde luego, hasta donde llega nuestra información, no ha pasado en ningún momento de la historia del planeta, pero podría llegar a suceder en el futuro, sobre todo si actuamos sobre el eslabón más débil del planeta, como hemos señalado anteriormente.

Podríamos seguir así indefinidamente pero, una vez esterilizado nuestro planeta, poco más puede llegar a importarnos. El último y definitivo grado de destrucción sucedería a escala *planetaria* y eliminaría nuestro querido punto azul pálido del universo para siempre, o bien lo transformaría en algo completamente diferente. Esto, curiosamente, sí parece haber sucedido en algún momento de los albores del Sistema Solar, cuando la colisión entre la proto-Tierra y un cuerpo tal vez del tamaño de Marte (bautizado como Theia o Tea) condujo a la formación del sistema Tierra-Luna tal y como lo conocemos. Este tipo de eventos pueden suceder y lo hacen de forma continua en nuestra galaxia, así que son, por desgracia, una amenaza que no podemos dejar de considerar. En última instancia, y como veremos con más detenimiento, la Tierra está necesariamente abocada al desastre más completo a raíz de la evolución natural de nuestro Sol.

Así, nuestra escalera ha quedado de la siguiente manera: civilización, especie, clado, biosfera, planeta. En cinco escalones hemos introducido la desolación más completa que se puede lograr. Esto nos servirá de ahora en adelante para categorizar las destrucciones que podemos encontrarnos. Al fin y al cabo, se suele decir que mientras hay vida hay esperanza y aquí podemos darle un sentido un poco diferente a la frase en función de lo arrasador que resulte el apocalipsis que estemos considerando en cada momento.

Energías cósmicas

En los próximos capítulos vamos a ir desgranando poco a poco, cual forenses del armagedón, todas y cada una de las herramientas con las que el universo conspira contra nosotros. Antes, sin embargo, necesitamos establecer una pequeña escala de energía, paralela a nuestra escala de destrucción, que nos permita determinar si cada uno de los procesos que analicemos es realmente capaz de la tarea de destruirnos.

Quizá una de las ecuaciones más populares y aparentemente sencillas de la física es la equivalencia entre materia y energía que estableció Einstein. De momento, para nuestros propósitos bastará con saber que esta relación existe y que es proporcional a la masa. Es decir, que a doble de masa, doble de energía. La masa de la Tierra es de, aproximadamente, unos 6 cuatrillones de kilogramos. Un seis con veinticuatro ceros por detrás, una cantidad que se nos antoja enorme pero que palidece al compararla con un planeta de buen tamaño como Júpiter y más aún con una estrella del montón como nuestro Sol. La primera pregunta que podríamos hacernos sería cómo de descabellada sería la energía necesaria para vaporizar nuestro planeta con esta simple aproximación de equivalencia entre materia y energía. ¿Será una cantidad pequeña comparada con la energía de los eventos cósmicos? ¿O por el contrario será algo que difícilmente lleguemos a encontrar?

Uno de los eventos más característicamente catastróficos de nuestro universo, tanto por su frecuencia como por la cantidad de energía involucrada, es una explosión de supernova. Tan frecuentes son, que incluso se ha creado una unidad de energía con su valor: el foe. Se dice que la cantidad de diez elevado a cincuenta y uno ergios aparecía tanto en sus cálculos, que el físico Hans Bethe juntó el acrónimo en esta nueva unidad. Pues bien, el solitario foe liberado en una explosión de supernova corriente equivale a la energía contenida en la masa de más de dos mil Tierras. Queda con esto claramente demostrado que la energía que nos mantiene ligados a la existencia no es gran cosa y que puede llegar a palidecer frente a los eventos cósmicos que nos rodean, tal y como desarrollaremos en los siguientes capítulos.

La situación es aún peor, ya que no necesitamos destruir la Tierra *por completo* para provocar un apocalipsis, como ya hemos comentado. La masa de la atmósfera, por ejemplo, es un millón de veces menor que la del planeta en su conjunto y, por tanto asumimos, un millón de veces más fácil de destruir. Si consideramos, por ejemplo, la masa de todos los seres vivos que actualmente habitan nuestro planeta, descubrimos que es incluso menor que la de la atmósfera, unas diez mil veces más pequeña. Más sencillo puede ser incluso eliminar una parte de la atmósfera. Por ejemplo, la famosa capa de ozono, que como discutiremos es esencial para la vida, tiene un masa un millón de veces menor que el conjunto de la atmósfera y un billón menor que todo el planeta. Algún proceso astrofísico que involucre una energía miles de millones de veces menor que la de una vulgar supernova, ya puede suponer un severo riesgo para nuestra supervivencia.

Lo que estamos haciendo es, por supuesto, una aproximación muy burda. La energía la encontramos en formatos muy diferentes. El Sol, por ejemplo, emite energía principalmente en forma de luz visible. Si acumuláramos la energía que emite en un tiempo relativamente corto en escalas cósmicas, del orden de unos 50 millones de años, también equivaldría a la materia terrestre. Sin embargo, la forma en la que se presenta y el ritmo al que nos llega, convierten esa energía en algo relativamente manejable. Sirva en todo caso como recordatorio del enorme poder que posee la luz de nuestra estrella.

Si seguimos bajando en nuestra escala de destrucción podemos preguntarnos por la cantidad de energía necesaria para eliminar una especie como la nuestra. Aunque somos relativamente abundantes y bastante pesados comparados con la mayoría de organismos, la humanidad entera puede suponer una milésima parte del conjunto de la biosfera y, por lo tanto, mucho más frágil.

Al llegar a los seres vivos, nuestra aproximación a través de la equivalencia entre materia y energía se vuelve aún más difícil de sostener. Estaremos todos de acuerdo en que es muy razonable esperar que el encuentro entre una persona y una bala en movimiento termine con una persona muerta y una bala en reposo. La energía del proyectil, sin embargo, puede ser miles de billones de veces menor que el equivalente de energía contenido en un cuerpo humano. La energía de un impacto cometario, tal vez uno de los eventos cósmicos menos energéticos a los que nos podemos enfrentar, equivale a la masa de algunos miles de personas, quizá decenas de miles. Sin embargo, también representaría una auténtica lluvia de millones y millones de balas cayendo sobre nuestras cabezas, que podrían producir una verdadera hecatombe.

En resumidas cuentas, la energía del apocalipsis parece ser algo muy al alcance de los eventos catastróficos con los que el universo nos puede amenazar. Con todo, debemos tener en cuenta otros factores: por un lado, la forma en la que la energía involucrada nos alcanza y, por otro, la existencia de elementos críticos que pueden ser particularmente susceptibles de sufrir daño y de propagar la destrucción a escalas mayores. En los capítulos que siguen, trataremos de abordar estos aspectos analizando cada uno de los posibles apocalipsis que podemos llegar a encontrarnos.

Capítulo 3
Armas de extinción masiva:
I. El cambio climático

Hemos dejado bien claro en el capítulo anterior que nuestra atmósfera, o más concretamente el delicado equilibrio en el que se sitúa, es el eslabón más débil de nuestra cadena y probablemente lo primero que debemos preservar si queremos sobrevivir a los próximos vaivenes del universo. Tenemos algunas aterradoras evidencias de que el Antropoceno del que hemos estado hablando, al igual que un buen número de otras eras geológicas anteriores, ha comenzado con un severo cambio climático del que apenas empezamos a percibir algunos efectos. La negación es una respuesta típicamente humana y, en este caso, implica un amplio espectro de posiciones que van desde la negación total del cambio climático hasta las más sutiles pero también peligrosas matizaciones sobre el origen de semejantes cambios.

En este libro, no es mi intención volver a discutir pruebas que otros han presentado mucho mejor de lo que yo podría llegar a hacer. Aunque creo firmemente en la militancia contra el cambio climático, en este capítulo me conformaré con hacer ver al lector más escéptico que los cambios climáticos suceden de forma continua no solo en nuestro planeta, sino también en los que nos rodean en el Sistema Solar y, probablemente, más allá. Lo podemos ver en los registros del pasado y lo veremos en el futuro; es algo con lo que podemos contar casi con total seguridad.

Efecto invernadero de doble filo

Nuestro Sol es una estrella de tipo G que nos envía principalmente luz visible de un color amarillento. A pesar de las descomunales temperaturas de su interior, de varios millones de grados, nosotros solo vemos la piel más externa de la estrella. Esta región, denominada fotosfera, tiene una temperatura efectiva de unos 6.000° C. Muy por encima, por ejemplo, de la necesaria para fundir el hierro pero, al mismo tiempo, es sensiblemente menor que las temperaturas que hemos sido capaces de generar a pequeña escala en nuestros laboratorios.

Toda esa radiación electromagnética que emite el Sol termina alcanzando nuestra órbita, situada a unos 150 millones de kilómetros. La constante solar (que, por cierto, no es exactamente constante) es la cantidad de energía por unidad de tiempo y área que nos alcanza, simplemente por la posición que ocupamos alrededor de nuestra estrella. Son casi 1.400 W/m², lo que supone que la Tierra en su conjunto puede interceptar con su superficie casi un quinto de trillón de watios de energía solar. De sobra para cubrir toda nuestra demanda energética.

Si suponemos que la Tierra se encuentra en equilibrio, eso implica que debería emitir la misma cantidad de energía que recibe. Si la balanza fuera positiva, el planeta se calentaría. En caso contrario, se enfriaría. Asumamos de momento que, para que el equilibrio sea perfecto, nuestro planeta debe devolver al espacio lo mismo que ha recibido. No vemos, sin embargo, que la Tierra emita luz visible. En realidad, el tipo de energía que emitimos es lo que llamamos radiación infrarroja. Y necesita-

Venus, la Tierra y Marte son las tres posibles caras de planetas en principio no tan diferentes pero con evoluciones climáticas radicalmente diferentes. Desde el infierno actual de Venus hasta el frío Marte, las posibilidades son enormes y pueden ser críticas para el desarrollo y mantenimiento de la vida. (© NASA)

ríamos que nuestro planeta fuera un cuerpo a 5º C para conseguir un equilibrio perfecto con la radiación solar.

Sin embargo, este planteamiento tiene algunos fallos. Para empezar, no hemos tenido en cuenta que la superficie del planeta refleja al espacio parte de la luz que recibimos, alrededor del 9% dependiendo del tipo de superficies predominantes en cada momento geológico. Y las nubes que dominan las imágenes que tomamos desde el espacio son fundamentalmente blancas, es decir, altamente reflectantes. La cobertura nubosa media puede devolver más del 20% de la radiación solar que llega a la cima de la atmósfera. Esto supone que en realidad, y prescindiendo de otros efectos que también son importantes, disponemos de mucha menos energía en nuestra superficie y, para mantener el equilibrio, nos basta con mantener una temperatura de unos 20º C bajo cero.

Esto es lo que llamamos temperatura de equilibrio y es muy diferente de la temperatura que experimentamos en nuestro día a día. Ni vivimos a 20º bajo cero ni seguramente tenemos ningún interés en hacerlo. La temperatura media terrestre ronda los 15º C positivos, unos 30º por encima de la temperatura de equilibrio. Obviamente, nuestra hipótesis fundamental sobre el equilibrio térmico terrestre no es cierta. El responsable de esta diferencia es nuestro gran enemigo: el efecto invernadero. Sin él, nuestra temperatura sería mucho más baja y la vida en nuestro planeta sería muy diferente de la que conocemos. En este momento de la película, el villano principal ha mostrado una cara desconocida y se convierte en nuestro principal aliado. ¿Qué haríamos sin el efecto invernadero? Morirnos de frío, literalmente.

Si este pequeño cálculo no nos ha convencido aún podemos mirar un poco más a nuestro alrededor. Esto es lo que sucede con la Tierra, pero ¿qué pasa con nuestros hermanos Marte y Venus? Siguiendo el símil de Ricitos de Oro del anterior capítulo, veremos que son dos casos extremos y diferentes del nuestro. Ambos planetas tienen una atmósfera formada principalmente por dióxido de carbono y, por lo tanto, potencialmente capaces de generar un efecto invernadero sustancial. La diferencia entre ambos es que mientras Venus posee una envoltura gaseosa mucho más densa que la nuestra, Marte ha evolucionado hasta casi perderla por completo. ¿Cómo es posible que tres ejemplos tan inicialmente similares hayan seguido caminos tan dispares?

Los detalles marcan la diferencia. Venus es mucho más parecido en masa a nuestro planeta, lo que le permitió retener su atmósfera de una manera mucho más eficiente que en el caso de Marte. El menor tamaño de este, además, propició un enfriamiento mucho más rápido de su interior y la desaparición del campo magnético. El equilibrio inestable de las atmósferas les hizo resbalar a ambos en direcciones muy distintas. Por un lado, hacia un efecto invernadero desbocado en el caso de

Venus; por otro, hacia un clima progresivamente más frío en Marte. Ambos muy lejos de las temperaturas que les correspondían en función de su distancia al Sol y con unas condiciones incompatibles con la presencia de agua líquida de forma permanente, lo que consideramos normalmente irreconciliable con la presencia de vida.

Así, el efecto invernadero se convierte en el termostato que necesitamos. Este termostato se basa, de nuevo, en el equilibrio de múltiples factores. Por ejemplo, la concentración de CO_2 depende de la actividad geológica. Los volcanes liberan gases a la atmósfera, pero las zonas de subducción también entierran las rocas, formadas en cierta parte por carbonatos. Los árboles y las estructuras vegetales fijan el dióxido de carbono para generar sus tallos, pero los incendios de las grandes superficies arbóreas también liberan todo ese gas. Todos estos factores, y otros muchos, conforman el llamado ciclo del carbono, que opera a una escala temporal mucho más larga que el ciclo del agua pero que puede ser tan importante para la vida como este. En esta balanza tan delicada, unos pocos granos de polvo pueden desequilibrar la atmósfera y arrastrarla por una pendiente resbaladiza.

Invierno nuclear

Se ha hablado mucho en los últimos tiempos sobre el calentamiento global y le hemos dedicado ya bastantes líneas en este libro. Enfriemos los ánimos y estudiemos alguno de los otros futuros que podemos llegar a encontrarnos en caso de desequilibrio que, aunque son menos probables para nuestro futuro inmediato, sin duda constituyen un panorama al que otros mundos podrían enfrentarse.

En los años 80, el presidente de los USA, Ronald Reagan, impulsaba una campaña de rearme nuclear frente a la potencia de la Unión Soviética. Muchos intelectuales denunciaron estas maniobras por el riesgo que suponían para el país y para todo el mundo. Entre otros muchos riesgos, alertaban específicamente de las posibles alteraciones que una deflagración de escala mundial podría introducir en nuestra atmósfera. Este podría ser el germen de las más recientes ideas sobre el cambio climático creado por el ser humano (normalmente llamado cambio climático antropogénico) y se remonta posiblemente a los años 50, cuando algunos científicos ya alertaron de la posibilidad de que una contienda nuclear se asemejara al efecto de explosiones volcánicas de gran envergadura como las del volcán Krakatoa a finales del siglo XIX.

Estos científicos, entre los que estaba el conocidísimo Carl Sagan pero también muchos otros de primer nivel, fueron capaces de movilizar a los ciudadanos y de desencadenar una respuesta a nivel político en las dos superpotencias de la época que en última instancia contribuyó a los tratados de no proliferación de finales de los años 80. Un raro éxito de la razón sobre la irracionalidad que por desgracia no fue suficientemente sostenida en el tiempo y que, con el paso de las décadas, ha sido olvidada por la mayoría de la ciudadanía y de los políticos, aunque no desde luego por la comunidad científica.

A pesar de que una explosión nuclear de gran envergadura, o varias de menor tamaño, liberan una cantidad significativa de energía, los estudios demostraban que el efecto a medio plazo que podían producir era precisamente el contrario: un poderoso enfriamiento. Las bombas podrían enviar a los niveles altos de la atmósfera una enorme cantidad de polvo o de hollín. Esto tendría múltiples efectos sobre la circulación global del aire, disminuyendo drásticamente las precipitaciones en las zonas más húmedas del planeta y, sobre todo, evitando que la radiación solar alcanzara los niveles cercanos a la superficie. Este polvo, de pequeño tamaño, podría permanecer años en suspensión y la circulación estratosférica lo distribuiría por todo el globo. A corto o medio plazo, es muy posible que todas las formas de vida basadas en la fotosíntesis se vieran seriamente comprometidas, produciendo una catástrofe en los ecosistemas que sostienen la vida en la Tierra.

Este fenómeno fue bautizado como "invierno nuclear" y mostraba una cara desconocida de los riesgos atómicos, más allá de la destrucción inmediata y de la radiación. Estudios más recientes, de comienzos del siglo XXI, con los modelos climáticos más avanzados, mostraban que los efectos habían sido en todo caso subestimados y que probablemente la inyección de hollín sería mayor y a niveles más altos de lo que nunca antes se había pensado. Incluso una guerra a nivel local entre dos potencias nucleares, como pueden ser India y Pakistán, podría desencadenar un cataclismo a nivel global.

Pero los principios que sustentan el invierno nuclear no están supeditados a la guerra nuclear. Como ya hemos mencionado, volcanes, meteoritos o estrellas moribundas podrían desencadenar catástrofes de similar signo. La física sería básicamente la misma: partículas de pequeño tamaño empujadas hasta decenas de kilómetros por encima de la superficie tendrían tiempos de permanencia lo suficientemente largos como para generar problemas más allá de la resistencia de los ecosistemas más básicos de nuestro planeta.

Una peculiaridad de los volcanes es que emiten, además de ceniza y polvo, grandes cantidades de dióxido de azufre (SO_2), una sustancia similar en estructura química al dióxido de carbono pero con unos efectos muy distintos sobre la atmósfera. Para empezar, esta molécula reacciona con la atmósfera de la Tierra generando otro compuesto bien conocido, el ácido sulfúrico. Este es capaz de destruir el ozono, además de servir de un eficiente núcleo de condensación para crear nubes altas que aumentarán el albedo o reflectividad de la Tierra, disminuyendo así la temperatura en superficie. Precisamente uno de nuestros planetas gemelos, Venus, posee una densa capa de nubes de ácido sulfúrico que nos invita a pensar que procesos similares han podido operar en otros planetas.

En junio de 1991, el volcán Pinatubo situado en Filipinas entró en erupción, siendo una de las mayores que tuvo lugar en el siglo XX. Nada en la historia reciente de aquel volcán hacía presagiar lo que vino a continuación, aunque posteriormente se reinterpretaron algunos terremotos en los años anteriores como señales de alarma que tuvieron que haber sido tomadas

La formidable explosión del Pinatubo el 22 de junio de 1991 fue una de las mayores erupciones del siglo XX y la primera que pudo tener efectos atmosféricos mensurables gracias al despliegue de satélites meteorológicos y otras estaciones por todo el planeta. (Fotografía de R. Batalon, proporcionada por el United States Geologic Survey)

en cuenta. A lo largo de mayo de 1991, el Pinatubo mostró una elevada emisión de dióxido de azufre que cesó justo antes de que llegaran las erupciones magmáticas.

A comienzos de la década de los 90 ya contábamos con satélites capaces de controlar la presencia de este compuesto derivado del azufre. Esto nos permitió estudiar al detalle la liberación de diecinueve millones de toneladas a la atmósfera y su propagación por la misma, así como los efectos climáticos que se desarrollaron a continuación. La temperatura media cayó alrededor de medio grado centígrado, aunque también se elevó significativamente en la estratosfera. La nube generada por la explosión fue observable durante unos 3 años y el agujero de ozono sobre la Antártida alcanzó su mayor tamaño coincidiendo con este evento. Tal vez, aunque no es obvio, esta junto con otras erupciones volcánicas menores que sucedieron en aquellas fechas, jugaron un papel en el desarrollo de la que fue llamada Tormenta del Siglo, en marzo de 1993. Tal y como matizaba el famoso climatólogo James Hansen, eventos meteorológicos de semejante calado son mucho menos probables si no contamos con fenómenos como la explosión del Pinatubo y su efecto en la atmósfera.

Aunque resulta mucho más difícil de comprobar, estamos razonablemente seguros de que las grandes explosiones volcánicas del pasado también tuvieron su efecto sobre el clima. Erupciones como las del Krakatoa, el Tambora u otros volcanes condujeron a enfriamientos temporales. Quizá incluso contribuyeron a la llamada Pequeña Edad del Hielo que se desarrolló en Europa tras la anomalía climática medieval, entre los siglos XIV y XIX.

Tal vez algún lector se esté frotando las manos ante estas líneas mientras piensa: ¿y por qué no combatimos el calentamiento global con este enorme potencial refrigerante del que disponemos? No sería el primero que piensa tal cosa[11]. Forma parte de las diferentes propuestas de "geo-ingeniería" que se han planteado para combatir una deriva climática que cada vez parece más inevitable. Las diferentes modelizaciones que se han desarrollado a este respecto apuntan en dos líneas fundamentales. La primera, que la inercia de la atmósfera nos lleva ya en una dirección de calentamiento claro en el próximo siglo, hagamos lo que hagamos. La segunda, que cualquier intervención climática produce cambios en la distribución de otras variables meteorológicas, como las precipitaciones, que también tienen un impacto significativo sobre la vida de la humanidad en el planeta. En estas circunstancias parece complicado plantearse una intervención a escala global tan grande que podría tener enormes consecuencias sobre las formas de vida de millones de personas[12].

Llega la Edad de Hielo

Si estos eventos de enfriamiento se extienden lo suficiente en el tiempo podrían llegar a desencadenar lo que conocemos como glaciación. De hecho, tenemos evidencias geológicas de la existencia de, al menos, cinco períodos glaciales de larga duración, con presencia de hielos no estacionales en bajas latitudes.

Fue precisamente la propia vida quien produjo la primera de las glaciaciones que conocemos, hace algo más de dos mil

---

[11] De una manera bastante eufemística a este tipo de procedimientos se les ha bautizado como "Solar Radiation Management" o "Gestión de la Radiación Solar".

[12] Precisamente este es el punto de partida de la película *Snowpiercer* (Bong Joon-ho, 2013), después serie de Netflix. En cambio, la novela gráfica en la que se basa (*Le Transperceneige*, Lob y Rochette, 1982) propone que el enfriamiento fue desencadenado por un conflicto nuclear.

millones de años. En ese momento se produjo una contaminación de escala global que supuso un punto de inflexión para el desarrollo de nuestro planeta, no solo a nivel biológico sino también geológico. Las primeras cianobacterias productoras de oxígeno condujeron a un episodio que llamamos la Gran Oxidación o la Catástrofe del Oxígeno. Ese gas que tanto necesitamos era en aquel momento un veneno potencial para las formas de vida simples que existían en presencia de una atmósfera químicamente reductora. La liberación rápida y sostenida de oxígeno produjo una intensa oxidación de los gases atmosféricos, en particular del metano, un gas de efecto invernadero que hasta aquel momento había dominado el calentamiento global. No está claro del todo el origen del desequilibrio y el papel que pudieron jugar otros agentes, como el vulcanismo o la tectónica de placas, pero resulta inquietante pensar que la contaminación creada por un agente biológico es capaz de desencadenar semejantes cambios en todo el globo durante varios cientos de millones de años.

Tras un largo período de invernadero que siguió a aquella primera glaciación, hace unos 700 millones de años se produjo la glaciación más intensa e importante que tenemos documentada. Tan importante fue, que recibió el muy explícito nombre de Era Criogénica. En esta época, los glaciares ocuparon una superficie variable pero la temperatura descendió unos 10° C en promedio[13]. Es muy interesante constatar que este período tan extremo precedió a una explosión de biodiversidad que quedó perfectamente reflejada en el registro fósil, la llamada explosión Cámbrica.

---

[13] Resulta muy ilustrativo tener números como este en mente (o la bajada medio grado provocada por el Pinatubo) cuando vemos las predicciones de los modelos climáticos frente al calentamiento global. Así, uno se da cuenta de que una subida de uno o dos grados no es, como algunos sugieren, algo anecdótico.

De hecho, esta glaciación sugirió la hipótesis de la Tierra Bola de Nieve. Durante la Era Criogénica, toda la superficie de nuestro planeta pudo estar completamente cubierta de hielo y, además, en varias ocasiones. Esto explicaría la presencia de restos de glaciares en latitudes tropicales, en las que ninguna glaciación parcial debería haber sido capaz de producirlos. La extensión del hielo aumentaría el albedo de la Tierra, lo cual, a su vez, reduciría aún más la temperatura. ¿Qué puede romper semejante círculo vicioso? Solo si una cantidad suficiente de gases efecto invernadero consigue encontrar su camino hacia la atmósfera podríamos salir de un infierno helado como el que describe la hipótesis de la Tierra Bola de Nieve. Ya sea mediante vulcanismo, procesos tectónicos u otros, una vez la balanza empieza a inclinarse hacia el efecto invernadero, el destino está marcado.

Ha habido otras glaciaciones, al menos tres de ellas más recientes. La glaciación de la Era Cuaternaria, de hecho, podemos considerarla como aún activa aunque ahora mismo nos situemos en el límite de una etapa interglaciar. En las últimas décadas, algunos científicos sugirieron que la próxima glaciación podría suceder en cualquier momento. Estos números se han revisado más recientemente al alza y puede que tardemos tanto como 50.000 años en abandonar el período interglaciar. Por desgracia, o por suerte, la creciente emisión de gases invernadero nos ha colocado en un contexto muy diferente en los modelos climáticos.

La búsqueda de regularidad en todos estos vaivenes climáticos llevaron hace un siglo a proponer los llamados ciclos de Milankovic, donde las glaciaciones vendrían empujadas por las variaciones seculares en la órbita de la Tierra que afectarían de forma continuada a la cantidad de radiación que llega a nuestra planeta. No hay un acuerdo general sobre el papel que estos ciclos orbitales pueden jugar en el clima a largo plazo. Si bien, algunas glaciaciones coinciden con las predicciones, otros eventos no terminan de encajar. Sin duda, el clima es muy complejo y la concurrencia de factores es mucho más importante que la presencia de cualquiera de ellos por separado.

Una pompa de jabón

Todos los cambios atmosféricos potenciales que hemos desgranado están siempre al acecho y constituyen la primera y una de las más probables formas en las que la destrucción puede alcanzarnos. Los eventos de calentamiento y enfriamiento son tan consustanciales a nuestro planeta que sin ellos nosotros no estaríamos aquí. Pero también son tan letales que algunos de ellos pudieron exterminar a más del 90% de las formas de vida presentes, alterando significativamente nuestro planeta. Podríamos decir que la atmósfera de nuestro planeta es intrínsecamente inestable por lo que respecta a la escala de variación que a nosotros nos interesa. Tenemos constancia de que sus vaivenes han comprometido seriamente la habitabilidad de nuestro mundo en diversas ocasiones y que, como mínimo, han estado presentes en la mayoría de los apocalipsis a los que nuestra biosfera se ha enfrentado. Esto no es algo que podamos esperar que sea diferente en el futuro, por lo que nuestra supervivencia pasa necesariamente por un mayor conocimiento, y tal vez control, de los procesos que operan sobre la envoltura gaseosa que nos rodea.

En este capítulo he mostrado las ideas más básicas del efecto invernadero de una forma bastante simplista. Un concepto algo más complicado, que es necesario introducir y que ilustra las complejas retroalimentaciones a las que está sometido el clima, es la idea de los *puntos de no retorno*. La idea es que ni siquiera es necesario un cambio de gran escala para que el clima resbale por un lado u otro de la pendiente, porque las propias interdependencias climáticas son capaces de generar una gran variación a partir de una pequeña oscilación, tal vez incluso natural. El verdadero problema al que nos enfrentamos es calcular esos puntos de no retorno, ya que dependen de múltiples variables de una forma altamente lineal. En todo caso, parece cada vez más claro que hay que comprender esos puntos estratégicos que pueden determinar la magnitud necesaria de las variables atmosféricas, como la temperatura, para desencadenar un cambio que puede ser imposible de detener.

Uno de los ejemplos de punto de no retorno de los que más se ha hablado en los últimos tiempos es el colapso de la corriente del Atlántico. Afectado por los cambios en la cobertura helada del polo, el progresivo calentamiento de las zonas más septentrionales podría modificar las corrientes atlánticas que actúan como reguladoras de temperatura entre las cálidas aguas del golfo de México y las frías aguas del Ártico. Hasta hace poco, los modelos climáticos señalaban como improbable esta modificación tan sustancial de estas corrientes oceánicas, pero trabajos recientes hacen cambiar esta percepción y tildan ya de probable o muy probable que llegue a suceder en las próximas décadas. El efecto en las temperaturas de Europa sería catastrófico y podría alcanzar los 10° C en unas pocas decenas de años.

El hecho de que no hayamos presenciado sucesos tan catastróficos a lo largo de nuestra historia como especie capaz de guardar registros, es decir, unos pocos miles de años en el mejor de los casos, hace que muchas personas desdeñen la idea de los puntos de no retorno. Sin embargo, sabemos que eventos como el colapso de la corriente atlántica meridional han sucedido varias veces en los últimos 100.000 años y, por lo tanto, descartarlos como improbables es, me temo, más una muestra de pensamiento mágico que de escepticismo científico. Han sucedido en nuestro planeta y han tenido un efecto enorme y no

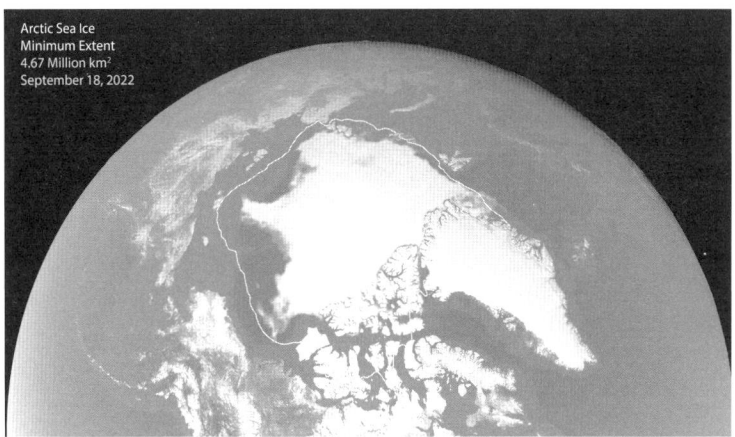

Arctic Sea Ice
Minimum Extent
4,67 Million km²
September 18, 2022

La extensión mínima del hielo ártico se suele alcanzar al final del verano, en el mes de septiembre. Actualmente se está reduciendo a una tasa del 12% por década, comparando con la media entre 1981 y 2010. Este descriptor climático tiene repercusiones muy importantes en el balance energético global a través de los cambios en las corrientes oceánicas y en el albedo del planeta. (© NASA's Scientific Visualization Studio)

conocemos ninguna razón por la cual no puedan volver a suceder. Más aún, cabe la posibilidad de que, incluso en tiempos históricos, hayamos bordeado el desastre mucho más de lo que imaginamos. Por ejemplo, el llamado *año de oscuridad* del siglo VI pudo estar relacionado con la actividad volcánica submarina y, de haberse prolongado, podría habernos conducido a una espiral incontrolada de cambios que, por suerte para nosotros, no llegaron a suceder.

Si el ejemplo de nuestro propio planeta no nos vale, podemos dirigir nuestra mirada al cielo. Como ya hemos comentado, tanto Marte como Venus son excelentes ejemplos de climas posiblemente amables que evolucionaron hacia condiciones radicalmente inhóspitas y desconocemos aún cómo de rápido o paulatino pudo ser ese proceso. Cuando analizamos las condiciones de los planetas extrasolares que conocemos en la actualidad, varios miles, encontramos que menos del uno por ciento se encuentran en una región potencialmente habitable. A medida que, en las próximas décadas, seamos capaces de determinar las condiciones de temperatura y composición atmosférica reales de esos cuerpos, podremos confirmar también en qué medida los climas de otros mundos han conseguido evolucionar de una forma positiva para la vida. A la vista del ejemplo de nuestro Sistema Solar, es muy probable que nos llevemos una desagradable sorpresa.

Así las cosas, el cambio climático, sea del signo que sea, puede ascender por nuestra escalera de destrucción con gran facilidad. A nadie se le escapa que lo primero que se ve amenazado por estas circunstancias es nuestra propia civilización, que podría tener que adaptarse a un cambio de condiciones realmente drástico. Sin embargo, en el pasado especies y clados han caído abrumados por unas condiciones intolerables. La biosfera misma se ha visto en grave peligro, aunque es cierto que siempre quedó alguna semilla de vida capaz de generar una nueva esperanza para nuestro planeta. Otros planetas como Marte o Venus tal vez no tuvieron la misma suerte y a día de hoy son, casi con toda probabilidad, auténticos eriales. La amenaza climática pone en riesgo por tanto la propia biosfera y puntúa en 4 sobre un máximo de 5 dentro de nuestra escala del apocalipsis.

En este punto, debemos abandonar nuestro planeta. La inestabilidad intrínseca de nuestra querida Tierra es solo la primera de las amenazas a la que podemos enfrentarnos, pero el vacío del espacio es oscuro y alberga horrores. Nuestra débil y fina atmósfera es la primera y única defensa que nos separa de ellos. No es el resistente casco de una nave espacial, tampoco el visor que permite ver a los astronautas en sus paseos espaciales. Es más bien una delicada pompa de jabón, a merced de las peligrosas corrientes cósmicas que nos arrastran.

Capítulo 4
Armas de extinción masiva:
II. Grandes impactos

Mi tía Ana, la bibliotecaria, tenía la mayor colección de cómics de Astérix que he visto nunca. Aunque, entre nosotros, en esa época les llamábamos tebeos. Aquella colección, que a mis miopes ojos de 10 años tenía un valor incalculable, estaba temporalmente almacenada en casa de mi abuela donde yo pasaba buenos ratos cada tarde. Recuerdo perfectamente aquellas ediciones de tapa dura y, por supuesto, las historietas clásicas de Uderzo y Goscinny. Son esos recuerdos infantiles que quedan grabados para siempre y, siempre que he tenido ocasión de releer esas viñetas, me he retrotraído a ese momento de la infancia que se encuentra detenido en el tiempo, muy cerca de donde me dejan también las historias de Ende y Tolkien.

El caso es que solo había una cosa que los galos de aquella aldea irreductible temieran[14], que el cielo cayera sobre sus cabezas. Como tantas otras cosas en aquellas novelas gráficas[15], aquella anécdota tenía varias y más complicadas lecturas más allá de las obvias. Al parecer, algunos historiadores clásicos como Estrabón o Tito Livio habían referido aquello como el

---

[14] Si has completado la frase antes de terminar de leerla, bienvenido a mi club de lectura.

[15] He aquí otro eufemismo para no decir tebeo.

único miedo de los celtas o de los galos. Mis conocimientos sobre historia clásica no son suficientes para garantizar la veracidad de este extremo pero tiene sentido que lo hicieran. Cierto o no, inspiraron a los creadores de Astérix para que repitieran una y otra vez la misma frase.

Lo que los celtas temían era el poder de la tormenta, muy en consonancia con la reverencia con la que otras culturas, como la nórdica, trataban al rayo y al trueno. Nadie que haya experimentado una buena tormenta en el mar o en una zona de alta montaña se sentirá tentado de descartar ese miedo con la condescendencia de los pueblos civilizados. Pero, a día de hoy, podemos decir que semejantes tormentas solo suponen un riesgo local y temporal, que podemos evitar consultando las previsiones meteorológicas.

Sin embargo, hay otra forma en la que el cielo puede caer sobre nuestras cabezas. Las hermosas estrellas fugaces se pueden convertir en bólidos y los bólidos transformarse en meteoritos, y todos ellos hacer real para nosotros, tecnológicos seres cultivados, el ancestral miedo de los galos.

Ya hemos dejado bien claro en las páginas precedentes que vivimos encerrados en una frágil burbuja de aire, más parecida a una pompa de jabón que al casco de un submarino. Lo que nos separa del terrorífico vacío interplanetario es tan tenue y delicado que no podemos fiar todas nuestras posibilidades a su resistencia.

Los monstruos que flotan entre los planetas no se parecen a los horrores primigenios de Lovecraft pero son igualmente dignos de temor. Podríamos describirlos como cascotes, restos de la ingente obra de ingeniería[16] que supuso la formación del

---

[16] Figuradamente hablando, siempre debemos tener cuidado con este tipo de recursos literarios según ante qué público nos encontremos.

Sistema Solar. Los grandes planetas, incluso los llamados planetas enanos, así como las grandes cohortes de asteroides, han terminado ocupando regiones (órbitas) relativamente estables. Allí donde están hoy, seguirán, aproximadamente, mañana.

Pero otros cuerpos han quedado en regiones inestables donde los sucesivos pasos de los grandes vecinos, muy en particular de Júpiter, puede darles el pequeño empujón necesario para salir despedidos en cualquier dirección. Abordaremos la estabilidad orbital más adelante, al hablar del posible efecto de las visitas de vecinos estelares.

En realidad, "cualquier dirección" no es una expresión adecuada, ya que no todas las direcciones son igualmente probables. El gran atractor de nuestro sistema, el cuerpo más masivo, es por supuesto nuestra estrella: el Sol. Le sigue, muy de lejos, el gigante Júpiter y, a partir de ese punto, entramos en un juego de masas y distancias que determinará el pozo gravitatorio al que se enfrente nuestra roca errante y que marcará su trayectoria futura.

Mucha gente imagina los impactos que se producen en el Sistema Solar como un juego de billar cósmico, y así se ha descrito algunas veces. Sin embargo, la realidad se parece más a esos juegos infantiles en los que una canica rueda por toboganes de diferentes formas y empuja fichas de dominó. El impacto directo es raro, porque el espacio interplanetario es esencialmente un gran vacío donde la probabilidad de encontrarse es ínfima. El Tinder de las colisiones es la fuerza de la gravedad, que hace que los movimientos se vayan desplazando lenta pero perceptiblemente hacia la colisión final.

En este capítulo hablaremos de estos toboganes y de cómo pueden ponernos en riesgo en un futuro. Veremos que no es solo que estos eventos sean posibles sino que, a largo plazo, son inevitables. Con tiempo suficiente, es algo que sabemos que va a pasar y sabemos que, cuando pase, el nivel de destrucción que desaten dependerá principalmente de la masa de la roca y, en menor medida, de otros parámetros como la velocidad relativa y el ángulo de ataque.

¿Una visita inesperada?

Debo reconocer, señor Juez, que conocía todos los hechos expuestos en las páginas anteriores cuando el viernes 15 de febrero de 2013, a las ocho de la mañana, acudí a mi clase de Introducción a la Astronomía, asignatura del programa de libre elección de la Universidad del País Vasco muy frecuentada por estudiantes de ingeniería. El tema del día eran los cuerpos menores del Sistema Solar y, siguiendo el programa, discutimos[17] sobre asteroides y cometas y sobre las posibilidades de que estos colisionen con nuestro planeta.

No recuerdo muy bien por qué razón, pero sí recuerdo con toda claridad que expuse con particular énfasis lo improbable que era la colisión con la Tierra. No era nada premeditado, de hecho no creo que fuera una actitud habitual en esas clases. Visto en retrospectiva creo que mi actitud excesivamente despectiva estaba motivada por algunos comentarios realizados en prensa por aquellas fechas con motivo del previsto acercamiento del asteroide NEO (Near Earth Object) denominado Duende o 2012DA14, que poco después pasaría "rozando" la Tierra a menos de 30.000 km de altura, por debajo de las órbitas de los satélites geoestacionarios.

---

[17] Nuevo eufemismo, en este caso pedagógico, que significa que discutió el profesor con poca o nula interacción de los alumnos. Dicho esto, la cita de Fray Luis de León se ve con una perspectiva muy diferente.

Sea como fuere, después de aquel baño de prepotencia en el que me metí yo solito subí a mi despacho, supongo que con un café en la mano, y al abrir el correo electrónico descubrí una cantidad inusitada de correos electrónicos. Esa misma madrugada, unas horas antes de que yo comenzara la clase, un asteroide de unos 15 km de diámetro y una masa total de tal vez 10.000 toneladas entró en la atmósfera sobre la localidad de Chelyabinsk, en Rusia. La explosión liberó una cantidad de energía equivalente a 500.000 toneladas de TNT, 500 de los famosos kilotones.

Para hacernos a la idea de lo que suponen 500 kilotones, la explosión de la bomba que USA dejó caer sobre Nagasaki "apenas" liberó 25 kilotones de energía, es decir, 20 veces menos.

El meteoro de Chelyabinsk en febrero de 2013 es uno de los ejemplos más recientes del impacto en nuestro planeta de un objeto de varios metros de tamaño. (© Konstantín Kudriávtsev)

Precisamente coincide con la cantidad de energía de la explosión sobre las Islas Marshall de Ivy King, la mayor bomba de fisión nuclear jamás detonada. La llamada bomba del Zar, hasta donde sabemos la bomba más potente que se ha creado, tendría una energía de 500 megatones, unas 100 veces mayor que la explosión de Chelyabinsk.

Estas comparativas ponen la piel de gallina. El hecho de que una explosion casual, producto del azar cósmico, sea varias veces más poderosa que la que desencadenó la muerte intencionada de decenas de miles de personas da mucho que pensar. Un parpadeo del Sistema Solar, frente a una decisión militar premeditada con una enorme inversión económica y científica. Nos queda como consuelo que las varias toneladas de residuos de Chelyabinsk no contienen cantidades apreciables de materiales radioactivos, que sí contribuyeron notablemente a las bajas de Hiroshima y Nagasaki.

Todo esto sucedía mientras yo apuraba mis horas de sueño, desayunaba repasando las notas de la clase y entraba en ella para dar uno de mis mejores[18] patinazos académicos. Si hubiera abierto el correo electrónico, tal vez no habría llegado a clase, pero habría disfrutado de los vídeos que se grabaron durante la explosión del bólido.

La preguntas que deberíamos abordar son: ¿cómo de probable era que sucediera algo así? ¿Era un evento esperable? ¿Podríamos haber hecho algo al respecto? La respuesta no es clara ni única. Por un lado era, efectivamente, algo que necesariamente tenía que suceder. Por otro lado, sin embargo, algunas de las características particulares de este evento exacerbaron su alcance.

---

[18] Ojalá pudiera decir que el único.

Según diversos datos que se han ido recopilando, cada año tres o cuatro objetos de un par de metros de diámetro impactan con nuestro planeta. Estos no son impactos demasiado preocupantes y liberan "solo" el equivalente a 1 kilotón. Impactos como el de Chelyabinsk son mucho más raros, del orden de uno cada siglo. Un impacto equivalente a la bomba del Zar por ejemplo, que correspondería a un asteroide de unos 100 m de diámetro, puede suceder una vez cada 10.000 años. Es difícil asegurarlo pero es algo que probablemente no ha sucedido en épocas históricas.

Uno de los mayores impactos de los que tenemos constancia es el que produjo el cráter de Chicxulub, de casi 200 km de diámetro. Lo produjo un objeto de una docena de kilómetros de diámetro. Por fortuna, un evento de estas características sucede solo una vez cada millón de años, o al menos cada varios cientos de miles. Impactos así pueden estar detrás de extinciones como las de los dinosaurios y otras anteriores.

La relación que hay entre el tamaño del objeto y la frecuencia del impacto sigue una ley de tipo exponencial. Nos interesa, y mucho, determinar el tipo exacto de exponente. Los impactos pequeños son habituales y fáciles de contabilizar, mientras que los grandes son mucho más raros y nos obligan a recurrir al registro geológico, dando lugar a unas incertidumbres mucho mayores. Esto es lo que nos dirá con qué probabilidad pueden suceder este tipo de eventos en el futuro cercano.

Sin embargo, en un intervalo de tiempo suficiente, el impacto de un objeto de un tamaño dado es prácticamente seguro, desde un punto de vista estadístico. Desde luego, no es el tipo de evento que pueda sorprendernos una vez haya tenido lugar y, dada la escasez de impactos similares reportados recientemente, el caso de Chelyabinsk entraba perfectamente dentro de los parámetros de la normalidad.

Ahora bien, hay más variables en este problema. Por ejemplo, la dirección del asteroide es fundamental para detectar el impacto. En el caso de Chelyabinsk, la humanidad estaba pendiente de un paso cercano del NEO Duende, un paso sin peligro, y no fue capaz de ver venir otro objeto mayor. Entre otras cosas, la dirección de llegada fue determinante. Igual que los ejércitos de la antigüedad trataban de ganar ventaja atacando desde el este al amanecer, este objeto nos alcanzó desde una dirección cercana al Sol, lo que nos impidió detectarlo hasta que fue demasiado tarde.

Hubo otro elemento curioso que no terminamos de comprender. La explosión del asteroide se produjo bastante más alta de lo esperado, a unos 30 km. Eso maximizó el alcance de la destrucción generada en la zona afectada, aunque bien mirada no fue tan mala como cabía esperar. Contrariamente a lo que piensa mucha gente, lo más peligroso no es el impacto directo[19] sino la onda de choque que se crea con el paso del objeto por la alta atmósfera. Algo similar pudo pasar en Tunguska en 1908, con una explosión en altura que provocó la destrucción de una superficie boscosa similar en área a la del País Vasco.

Estos elementos originales del evento han llevado a reconsiderar la frecuencia de impactos en nuestro planeta. Estos podrían ser hasta diez veces más frecuentes de lo esperado, lo cual no suena muy bien. Más adelante abordaremos por qué y cómo colisionan los objetos particulares con nosotros, pero ya vemos que este tipo de visitas no deben cogernos nunca por sorpresa, al menos, insisto, desde un punto de vista estadístico.

---

[19] O dicho de otra manera, que el cielo caiga directamente sobre nuestras cabezas.

El origen de la Luna

Ya que de destrucciones trata este libro, la pregunta que inmediatamente viene a la mente sería cuál es el mayor impacto que podemos encontrarnos. Ese que solo sucede una vez en toda la historia del Sistema Solar, una sola vez cada diez mil millones de años, aproximadamente. Y tengo buenas noticias: ese impacto puede haber sucedido ya.

En las películas malas de ciencia ficción se suelen representar un par de detalles en las imágenes del cielo nocturno desde un planeta, para subrayar lo único e irrepetible de ese lugar. Por ejemplo, un planeta gigante con anillos sobre el horizonte. Con más frecuencia, el decorado incluye una enorme galaxia visible en el cielo o un descomunal satélite brillante. Me suele gustar señalar que, en realidad, ya contamos con ambas cosas[20].

La Luna es nuestro único satélite natural. Con unos 3.500 km de diámetro, resulta similar a los grandes satélites de los planetas gigantes. Más pequeña que Titán (Saturno) o Ganímedes y Calisto (Júpiter) pero muy similar a Europa e Ío. Mayor, por supuesto, que cualquiera de los planetas enanos conocidos, incluido Plutón. Teniendo en cuenta que la Tierra tiene un diámetro diez veces menor que Júpiter o Saturno, nos podemos hacer una idea de lo descompensada que queda la pareja.

No solo es muy grande, también está muy cerca. La distancia que nos separa permitiría colocar treinta Tierras una detrás de otra. Eso es mucho mayor de la escala que habitualmente se

---

[20] La galaxia de Andrómeda ocupa en el cielo un área equivalente a seis lunas llenas. A pesar de ser circumpolar en las latitudes medias del hemisferio norte, apenas la vemos debido a la forma en la que nuestros ojos responden a la luz. Si esto no te parece suficientemente grande, solo tendrás que esperar unos pocos miles de millones de años hasta que colisione con nuestra galaxia, como explicaremos más adelante.

La propia existencia de la Luna supone un desafío para los científicos, por su tamaño y cercanía, y la hipótesis del gran impacto es una de las mejor establecidas para explicarlo. Esta imagen nos muestra el conjunto de nuestro planeta y su satélite como lo vio la sonda Galileo en su viaje hacia Júpiter. (© NASA/JPL, imagen procesada por Kevin M. Gill)

representa en los libros, pero bastante cercana en términos astronómicos. Tanto es así que, como sabe cualquier escolar, la rotación y la traslación de nuestro satélite se han visto sincronizadas por las fuerzas de marea que nos ejercemos mutuamente. Tan cerca, que su tamaño aparente visto desde la superficie es prácticamente idéntico al del Sol, permitiendo la existencia de los diferentes tipos de eclipses que podemos ver (totales, parciales, anulares).

¿Y cómo es posible que se haya formado semejante configuración? Cada vez parece más probable que fuera el resultado de la colisión de nuestro proto-planeta con un objeto muy grande: para explicar satisfactoriamente la mayor parte de las características del sistema Tierra-Luna podría haber sido tan grande como el planeta Marte. Este cuerpo recibe el nombre informal de Tea o Theia.

La presencia de un objeto tan grande en las cercanías de nuestro planeta sería difícil de explicar en la actualidad. Sin embargo, si nos remontamos a los orígenes del Sistema Solar, la Tierra aún naciente no había tenido tiempo de reclamar para sí la órbita que ocupa alrededor del Sol, independientemente de que esta haya podido cambiar con el tiempo transcurrido desde entonces. En una época inicial del sistema, un cuerpo podía mantenerse a salvo en regiones muy particulares, manteniendo siempre las distancias con la Tierra. Estos puntos, llamados de Lagrange, permiten la supervivencia de objetos de masas diversas y aún hoy suelen contener las mayores densidades de asteroides que acompañan a los cuerpos principales en su viaje alrededor del Sol.

Sin embargo, si un cuerpo hubiera ido ganando masa hasta alcanzar algo similar a la del Marte actual, cualquier pequeño empujón gravitacional habría bastado para sacarlo de su posición privilegiada y conducirlo a un impacto casi seguro con el vecino más próximo. En este caso, contra nosotros. Para proporcionar este empujón nos podría haber bastado con el planeta Venus, que según algunos modelos pudo ser un excelente precursor de este proceso.

La forma exacta en la que se produjo esta colisión y cómo de ella pudo crearse el sistema Tierra-Luna tal y como lo conocemos en la actualidad es aún objeto de debate científico. El modelo sencillo inicial en el que un cuerpo masivo a baja velocidad colisionaba con nuestro planeta parecía explicar bastante bien algunas de las medidas más importantes que arrojó el análisis de las muestras extraídas por los astronautas de las misiones Apolo. Cada planeta del sistema solar parece tener una relación concreta entre algunos isótopos del oxígeno que permiten identificar el origen de una roca de una forma bastante clara. Esta firma es idéntica entre la Tierra y la Luna. Y lo mismo sucede con otros elementos químicos como el titanio.

Sin embargo, es precisamente esta llamativa similitud la que produce problemas en la teoría del gran impacto, ya que el escenario habitualmente asumido resultaría en un satélite formado esencialmente por el objeto que impacta. Esto ha llevado a los científicos a tratar de mejorar al máximo los modelos, añadiendo nuevas condiciones y procesos que pueden conducirnos a una realidad como la que observamos. Quizá se produjo un intercambio de material sustancial entre la proto-tierra golpeada y el material que quedó a su alrededor tras el impacto. O nuestro planeta giraba a una velocidad mucho más elevada de lo que pensábamos y el cuerpo errante era mucho más pequeño. Las evidencias de las que disponemos en la actualidad no nos permiten dilucidar entre los diferentes escenarios posibles y necesitamos más datos. Incluso datos sobre Venus, que si tuviera una firma isotópica similar a la nuestra aportaría un fuerte apoyo a la teoría del gran impacto.

Sea como fuere, está claro que este evento habría resultado en un máximo absoluto de destrucción, ascendiendo por nuestra escala hasta los niveles más altos. Adiós proto-Tierra, hola planeta Tierra. Si algo así llegara a repetirse no quedaría ninguna huella de nuestro paso por el universo y todo lo que alguna vez hubiera sucedido sería borrado para siempre.

Agua extraterrestre

El agua cubre una cantidad muy sustancial de la superficie terrestre. Esto es lo que nos convierte en el "planeta azul", porque si atendemos a la cantidad global de este elemento, nuestro planeta no es un lugar particularmente húmedo dentro del Sistema Solar. De hecho, satélites como Europa o Titán (lunas de Júpiter y Saturno, respectivamente) contienen más del doble de agua que nuestro planeta, aun siendo notablemente más pequeños. Sin embargo, como ya sabemos, el agua juega un papel fundamental dentro de nuestra biosfera y se considera el ingrediente básico para conseguir formar seres vivos. Ahora bien, incluso esta cantidad relativamente pequeña de agua es sorprendente.

Pensemos por un momento en el proceso de formación de nuestro planeta. Cuando nació la proto-Tierra, aunque pasemos por alto el episodio de formación lunar que acabamos de conocer, su temperatura era mucho más elevada que la temperatura de ebullición del agua. Dicho de otra forma, toda el agua que pudiera haber en ese momento tuvo que evaporarse.

El hecho de que el agua pasara a fase gaseosa no implica necesariamente que se perdiera en el espacio, dado que nuestro planeta la retiene igual que a todos nosotros: estableciendo una atracción gravitatoria en función de las masas[21]. Sin embargo, el agua es bastante frágil ante la radiación y una vez se rompe, el ligero hidrógeno escapa rápidamente de nuestro planeta. La velocidad de escape del hidrógeno en la exosfera es algo menos de la mitad de la velocidad de escape que normalmente consideramos al hablar de, por ejemplo, enviar un cohete al espacio. Precisamente, esta parece ser la razón de la situación actual de un planeta como Marte, con una masa y gravedad menores que las nuestras.

Para que el agua sobreviviera, sería necesario que quedara atrapada de alguna manera. La hidratación de algunos minerales fue durante décadas la explicación oficial a esta aparente anomalía. Algunos materiales incorporarían el agua temporalmente a su composición y, bajo determinadas condiciones termoquímicas, esa agua sería devuelta al ambiente. Llegados a este punto, no puedo evitar recordar a Charlton Heston en *Los diez mandamientos* golpeando una roca con su bastón. Estos

---

[21] La famosa pregunta "qué pesa más, ¿un kilo de paja o un kilo de plomo?" podría completarse con "un kilo de atmósfera". Téngase en cuenta sin embargo que el volumen de un material menos denso siempre ocupa más espacio y que la gravedad no es realmente constante con la altura, lo que resulta en última instancia en una pregunta no tan obvia de responder sin una definición dinámica de la masa.

procesos de hidratación y deshidratación eran la única alternativa viable para preservar una cierta cantidad de agua en nuestro planeta bajo esas condiciones iniciales. Sin embargo, los números no cuadraban y estos mecanismos debían haber sido mucho más eficientes de lo que actualmente observamos si no había un aporte externo de agua.

La respuesta a este dilema geoquímico llegó literalmente del espacio, cuando nos dimos cuenta de dos cosas bastante curiosas. La primera es que el agua tiene una firma oculta; la segunda, que algunos cuerpos menores del Sistema Solar tienen cantidades apreciables de agua.

Cada molécula de agua está formada por tres átomos: dos de hidrógeno y uno de oxígeno. Ahora bien, el hidrógeno, que es el elemento más ligero de la tabla periódica, se puede encontrar en dos versiones diferentes. La primera es la normal, formada por un protón y un electrón. La segunda, más pesada y rara de encontrar, contiene además un neutrón. Dado que esas dos versiones del hidrógeno tienen masas muy diferentes, también tienen velocidades de escape distintas. El hidrógeno normal y ligero se pierde con mayor facilidad que el hidrógeno raro y pesado (llamado técnicamente deuterio). Por lo tanto, la proporción que haya entre esas dos variantes del hidrógeno está relacionada con la masa del objeto donde ese hidrógeno se ha unido con el oxígeno para dar lugar al agua. El cociente deuterio a hidrógeno (D/H) nos indica con claridad dónde se ha formado esa molécula y no puede ser igual en la Tierra, en Marte o en un asteroide.

Así, si uno considera un volumen suficiente de agua, se encontrará con una pequeña cantidad de agua pesada (HDO en lugar de H_2O). Si el agua se creó en un cuerpo masivo, el agua ligera será mucho más abundante con respecto a la pesada que si lo hizo en un cuerpo ligero. Bajo esa perspectiva, esta firma oculta en nuestras moléculas de agua pone de manifiesto que son, en general, diferentes de otras moléculas que encontramos en nuestro planeta y que poseen una mayor cantidad de deuterio de lo que cabría esperar para un cuerpo con la gravedad de la Tierra.

Simultáneamente, las observaciones empezaron a mostrar inequívocamente una cantidad apreciable de agua en muchos de los cuerpos menores del Sistema Solar. Por supuesto, en los cometas formados, sobre todo, por hielos. Pero también en los asteroides, que estaban lejos de ser las rocas metálicas que muchas veces imaginamos y poseen una riquísima variedad de composiciones, algunas de las cuales están casi tan hidratadas como los cometas.

El método para resolver este dilema, entonces, parecía obvio. Se trataba de leer la firma escondida del agua en diferentes cuerpos, o familias de ellos, y tratar de identificar aquel que sea similar a nuestra agua. Este es un trabajo técnicamente complicado en algunos casos, que ha requerido incluso el uso de misiones espaciales como Rosetta para realizar avances en la confirmación o descarte de candidatos. A día de hoy, algunos grupos particulares de asteroides y de cometas cercanos a Júpiter han sido identificados como los candidatos más plausibles.

Ahora bien, aunque llevan el *agua adecuada,* el flujo actual de colisiones de estos cuerpos con nuestro planeta no es capaz de explicar la cantidad que observamos de agua. Sería necesario que los choques fueran mucho más frecuentes para poder acercarnos a los océanos que actualmente bañan nuestra corteza. La respuesta a este dilema llegó más recientemente, cuando nuestros modelos de formación del Sistema Solar demostraron que no siempre fue un lugar tan estable y pacífico como el que conocemos, sino que, en su turbia juventud, Júpiter y Saturno se desplazaron de una manera muy notable, alterando a su vez las órbitas de todos los demás cuerpos, más pequeños y frágiles que ellos. Una parte fue expulsada al exterior y perdida para siempre en las inmensidades del espacio interestelar y, otra parte, formó lo que muy gráficamente fue bautizado como el Gran Bombardeo Tardío. Un nombre suficientemente explícito como para no requerir demasiadas explicaciones.

El esquema actual de formación y evolución de nuestro Sistema Solar, por lo tanto, nos da todas las pistas para comprender el origen del agua en nuestro planeta. El agua, fuente de vida y origen de los organismos que conocemos, proviene sin embargo de un proceso altamente destructivo, un bombardeo continuado que, aunque de menor escala de lo que probablemente sucedió durante el nacimiento de la Luna, tuvo una frecuencia inusitada para los parámetros actuales. La destrucción y la creación pueden ser dos caras de una misma moneda y lo que para nosotros fue sin duda una suerte en aquel momento, fue un proceso que resultaría actualmente en una destrucción a una escala que ninguno de nosotros querría presenciar.

Júpiter golpeado

Tengo un recuerdo muy nítido de la noche del 16 de julio de 1994. Armado con los prismáticos de mi padre que, por cierto, pesaban un quintal, me acodé como pude en una ventana del pueblo donde veraneábamos con la intención de ver algo de lo que aquella noche se esperaba que sucediera en Júpiter. No vi más que el planeta gigante y sus satélites, como todas las noches, pero los días siguientes devoré todas las noticias que fueron saliendo en los medios de comunicación. Sobre todo, recuerdo la impresión que me produjeron las imágenes del Telescopio Espacial Hubble cuando, por fin, estuvieron disponibles para el gran público sin acceso a internet. Años más tarde, cuando ya empezaba mi carrera investigadora, me sorprendió descubrir en mi primer congreso científico que aún se seguía a vueltas con aquel evento y que tardarían todavía un tiempo en apagarse los restos desencadenados por lo que comenzó aquella noche de verano.

El motivo de toda aquella agitación no era otro que la colisión del cometa Shoemaker-Levy 9 con el planeta Júpiter. Aquel extraño cometa había sido descubierto poco antes y resultaba ser el único cometa conocido que orbitaba no en torno al Sol, sino a uno de los planetas del Sistema Solar. Las simulaciones dinámicas de su órbita mostraban que había sido capturado por el planeta gigante dos o tres décadas antes de su descubrimiento y que había estado acercándose paulatinamente a él antes de llegar al impacto definitivo. Después de varios pasos cercanos, aparentemente se fraccionó en 1992, y un par de años más tarde se convirtió en una lluvia de más de veinte fragmentos, algunos de los cuales superaban los 2 km de tamaño.

Como ya hemos comentado en las páginas anteriores, una colisión de semejantes características habría sido definitiva para el pobre planeta Tierra. Más pequeño y rocoso que el gran Júpiter, el impacto habría destrozado sin duda el delicado equilibrio de nuestra hidrosfera, alterado fuertemente la superficie y habría significado el final para todos o casi todos los organismos que en ella habitamos. Por suerte, aquello sucedió a centenares de millones de kilómetros de distancia y lo único que debemos lamentar es una extraña canción de The Cure[22].

---

[22] "Jupiter Crash", *Wild Mood Swings,* 1996.

A menudo se ha hablado de Júpiter como *paraguas gravitacional,* una especie de protector para los planetas interiores que es capaz de atraer sobre su imperturbable atmósfera a todos aquellos cuerpos vagabundos que podrían terminar colisionando con nosotros. Por desgracia, la realidad es probablemente más complicada. Durante las etapas iniciales del Sistema Solar, como ya he mencionado, el posicionamiento de Júpiter (y también de Saturno) desencadenó muchos más impactos en la Tierra de los que nos correspondían. Es posible, sin embargo, que en la actualidad sí que tenga en efecto un papel protector, aunque es también el primer perturbador capaz de alterar las órbitas de los objetos del cinturón de asteroides, cada vez que se acercan a él más de lo normal.

De hecho, los impactos en Júpiter son más frecuentes que en nuestro planeta. Por ejemplo, colisiones como las del SL9 pueden suceder una vez por milenio. La tasa de impactos sobre este planeta es mayor, pero está relacionada con lo que puede suceder en la Tierra. Dado que nos muestra, en cierto modo, una versión acelerada de las carambolas cósmicas que pueden afectarnos, resulta un buen laboratorio natural donde investigar la periodicidad de estas colisiones.

Desde aquel choque con el cometa, hemos visto algunos otros eventos interesantes. Por ejemplo, en 2009 el astrónomo aficionado Anthony Wesley descubrió un extraño evento revisando sus vídeos y pronto fue consciente de que se trataba de un impacto al ver las marcas dejadas en la atmósfera. Después de quince años, aquello me alcanzó ya como científico, y no solo como adolescente aficionado, y tuve la fortuna de verme involucrado en la intensa campaña de observación que incluyó al Telescopio Espacial Hubble y a numerosos telescopios en tierra. Dado que aquello tuvo lugar precisamente el día de mi aniversario de boda, no será algo que olvidemos fácilmente en mi familia.

Esta composición de fotografías del Telescopio Espacial Hubble muestra la evolución de la atmósfera tras el impacto del cometa Shoemaker-Levy 9 en la imagen inferior, hasta el aspecto del planeta unos días después en el cuadro superior. (© R. Evans, J. Trauger H. Hammel, HST Comet Science Team y NASA)

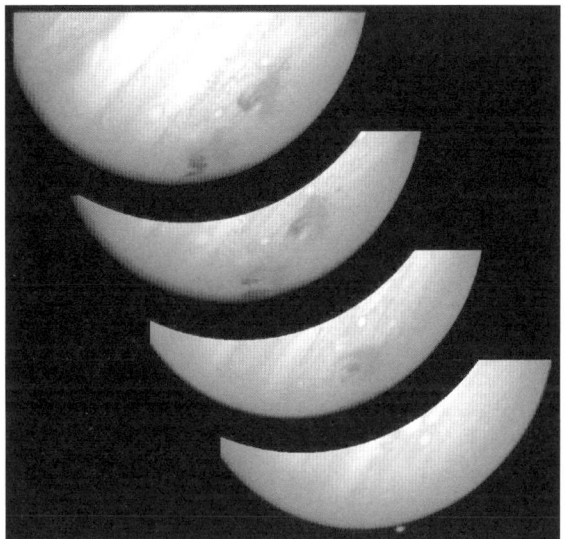

Pero verlos directamente no es la única forma de determinar la frecuencia de los impactos con Júpiter. Este planeta cuenta con cuatro satélites de buen tamaño que han sido observados por diferentes misiones espaciales y es posible identificar los cráteres dejados por impactos en los últimos cientos a miles de años. Estas lunas heladas pueden tener superficies no tan estables como la de nuestro satélite, pero aun así nos es posible reconstruir la historia de impactos en el mayor de los planetas del Sistema Solar.

Esto significa que estamos armados con una batería de herramientas a la hora de estudiar, al menos estadísticamente, la frecuencia de los impactos según su tamaño. La observación de Júpiter y el estudio de las superficies de los satélites de los diferentes cuerpos nos dan una cantidad de información abrumadora. Esta información es de carácter estadístico y lo que nos dice es la probabilidad que existe de que un cuerpo de un tamaño determinado colisione con nosotros en un intervalo de tiempo dado. Gracias a este estudio conocemos algunos de los datos que he presentado anteriormente. El más importante de todos ellos es que los impactos son más infrecuentes cuanto más grandes. La cruz de esta moneda nos dice que, esperando un tiempo suficiente, la destrucción está asegurada.

Por más que esta información sea importante podríamos parafrasear a Mark Twain[23] en su autobiografía: mentiras, malditas mentiras y estadísticas. No es que los datos mientan, es que nuestro cerebro no está capacitado para manejar la información de carácter estadístico de forma intuitiva. Un evento con una probabilidad de uno entre un millón puede suceder, lo mismo que algo que parece seguro puede que nunca llegue a ocurrir. Y eso nos vuelve locos.

Es evidente que necesitamos algo más que la estadística de impactos: es preciso que sepamos qué cuerpos pueden chocar con nosotros, así como cuándo pueden hacerlo. Ese es el tipo de información concreta que sí sabemos manejar con nuestro pequeño cerebro.

Tierra en la diana

En este capítulo hemos visto los muy diferentes escenarios a los que se ha enfrentado nuestro planeta a lo largo de la historia del Sistema Solar. Hemos presenciado impactos continuos, pero de muy diversa índole. Lo que está claro es que el temor a que el cielo caiga sobre nuestras cabezas está más que justificado, dado que es algo que va a suceder en un período de tiempo suficientemente largo.

---

[23] Quien al parecer atribuyó erróneamente esta frase a Benjamin Disraeli.

Sin embargo, debemos ser más prácticos y buscar la forma de determinar con precisión la posibilidad de impacto de cuerpos reales y concretos. Esta es la única forma en la que podremos protegernos de ello. Primero con medidas informativas y preventivas, después con medidas activas, ya sea con evacuaciones parciales o totales o con la destrucción o desvío del objeto peligroso.

En las últimas décadas hemos adquirido la dolorosa conciencia de nuestra fragilidad ante un evento de estas características, lo que al mismo tiempo nos ha empujado a detectar, observar y catalogar las decenas de miles de objetos cercanos a la Tierra que conocemos en la actualidad. Estos constituyen un riesgo potencial para nosotros, debido a que tienen un tamaño

El cráter Barringer, o cráter del Meteoro, en Arizona (USA) es uno de los ejemplos más característicos de impactos sobre la superficie de la Tierra. Relativamente joven (50.000 años) y bien preservado, muestra claramente el devastador resultado de la colisión de un asteroide de algunas decenas de metros de diámetro que liberó una energía muy superior a las explosiones nucleares de Hiroshima y Nasaki. (© Steve Jurvetson, Menlo Park, USA)

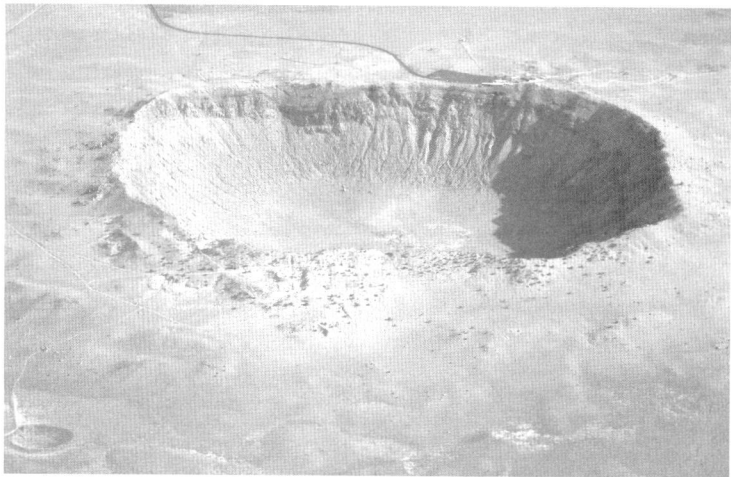

mínimo que se suele situar por encima de los 100 m de diámetro. También son peligrosos porque sus órbitas ocupan un lugar cercano a la de nuestro planeta o, más concretamente, porque se acercan a nuestra órbita en algún momento. Tales objetos son susceptibles de ver modificadas sus órbitas en pasos cercanos, de tal manera que pueden terminar siendo satélites naturales de la Tierra durante una etapa transitoria antes de la colisión, tal y como sucedió con el cometa SL9 y Júpiter. Sin embargo, detectar tales objetos no es en absoluto sencillo. Supone cubrir una gran cantidad de cielo observado de forma continua para detectar el fugaz paso de estos objetos en las condiciones adecuadas para que sean detectables en nuestros telescopios. Teniendo en cuenta que no existe ninguna idea *a priori* de por dónde pueden llegar a verse, es necesario mantener una monitorización constante.

Una vez se ha detectado un objeto nuevo, sea este lejano o cercano a nuestro planeta, se inicia una etapa de caracterización de su órbita. Para conseguir determinarla con precisión necesitamos observaciones suficientes que describan al detalle el arco que el objeto traza en el cielo. Esto nos permitirá conocer, al menos preliminarmente, los lugares del cielo que el candidato a impactar va a cruzar, lo que nos da las herramientas para seguir realizando observaciones que cada vez hagan más precisa esa órbita. Por desgracia, objetos relativamente pequeños que pueden tener órbitas excéntricas que cruzan las de nuestro planeta, o Júpiter en los casos más extremos, se ven sometidos a perturbaciones gravitatorias no siempre fáciles de predecir. Esto hace que la tarea de estudiar los objetos potencialmente peligrosos sea literalmente interminable.

Este es un esfuerzo que no puede recaer sobre una sola nación y de hecho las agencias espaciales más importantes dedican un esfuerzo ímprobo a seguir mejorando nuestra base de datos sobre los objetos peligrosos. Parte de este trabajo se ve directamente compensado por el hecho de que, prácticamente en el mismo paquete, es posible incluir el estudio de fragmentos más pequeños y cercanos de basura espacial que pueden afectar al funcionamiento de los satélites, lo que lo convierte en una prioridad de las agencias espaciales.

Muy en particular, en los últimos tiempos se ha comprobado de forma activa la capacidad de nuestros sistemas basados en modelos sencillos de inteligencia artificial para identificar y clasificar las detecciones más peligrosas. Para ello, se borraron de las bases de datos todas las referencias relativas a uno de los objetos más conocidos y que involucran un riesgo más alto. Una vez se produjeron las primeras observaciones del candidato aquella temporada, el sistema lo identificó como objeto nuevo, fue capaz de detectar y alertar del riesgo potencial de colisión en primera instancia y después de refinar su órbita con las sucesivas observaciones hasta converger en el tipo de órbita peligrosa pero no concluyente que sabíamos que ocupaba. Una vez este ejercicio fue completado con éxito, por supuesto, todos los datos fueron restituidos a la base de datos.

Aunque el estudio continuado es la única solución fiable a largo plazo, se han ido proponiendo escalas que nos permitan determinar de una manera simple y numérica la peligrosidad de un determinado objeto. Una de estas escalas es la llamada *escala de Palermo,* que junta tanto la probabilidad de impacto como la energía que portan (por su velocidad y masa). Así, los valores más altos representan a los objetos a los que debemos prestar más atención y los más bajos indican que el impacto es muy improbable o bien que el resultado de un tal impacto sería muy poco preocupante. Esta escala es un poco más compleja que la más usada *escala de Torino,* que puntúa de 0 a 10 los objetos según parámetros muy similares.

¿Y por qué objetos tenemos que preocuparnos? Si preguntamos a la escala de Torino, actualmente no hay ningún objeto que tenga una puntuación mayor de cero. No está mal, respiremos aliviados. En la escala de Palermo, sin embargo dos objetos aparecen como algo peligrosos. El primero de ellos es un asteroide de 1 km de diámetro llamado 1950 DA. Actualmente tiene una probabilidad de chocar con nosotros de 1 parte entre 8.300, nada menos que en el año 2880. De ello tendrán que ocuparse nuestros descendientes, si conseguimos dejarles algo de lo que ocuparse.

El otro objeto preocupante es un conocido de la exploración espacial y recibe el nombre de Bennu. En el momento de escribir estas líneas, la misión OSIRIS-REx de NASA acaba de regresar a la Tierra, después de recolectar una muestra de 250 gramos del asteroide. Tras los análisis previos que se están realizando en estos momentos, podremos comprender mejor la composición y estructura de estos asteroides y, por extensión, del Sistema Solar primitivo. Recibir material tan antiguo, procedente de unos cuerpos que, aunque han sufrido ciertos cambios, no se han visto tan alterados como los planetas, es similar a abrir la antigua tumba de un faraón donde se conservan semillas o materiales de la antigüedad, bajo unas condiciones que no podemos conseguir en ningún otro lugar.

Bennu tiene un diámetro de casi 300 m, por lo que un choque con nuestro planeta sería francamente devastador. Con todo, las simulaciones más recientes sobre su órbita señalan que es más probable que termine chocando con Venus, e igualmente probable que el choque con la Tierra sería que terminara expulsado de nuestro sistema tras un paso cercano al gigante Júpiter. Actualmente, se estima que la probabilidad de impacto con nuestro planeta es de solo una entre 2.700 entre los años 2175 y 2199.

Existen otros objetos de los que se habla recurrentemente al tratar los impactos, como es el caso de Apophis[24]. En su momento, tuvo la mayor probabilidad de impacto con la Tierra estimada jamás para un asteroide, superior al 10% para 2029. Después, tras obtener más y mejores datos sobre su órbita, esa posibilidad de impacto se retrasó a 2036. Sin embargo, a día de hoy se ha descartado cualquier posibilidad de impacto para los próximos 100 años y este objeto ha desaparecido de las listas de asteroides más peligrosos. Esto constituye un excelente ejemplo de cómo funciona la monitorización de objetos peligrosos y de cómo es necesario realizar observaciones precisas y continuas de los distintos candidatos para tener una idea certera de cuándo y con qué probabilidad pueden llegar a chocar con nuestro planeta.

Más allá de este esfuerzo relativamente pasivo de vigilar nuestro vecindario, de modelizar órbitas y predecir pasos peligrosos, debemos también tomar un papel más activo en la defensa del planeta Tierra. Por desgracia, nuestros conocimientos actuales no son suficientes para estar seguros de la viabilidad de un plan con el objetivo de destruir o, más probablemente, desviar un asteroide que se dirigiera a la colisión.

Precisamente con ese objetivo se ha diseñado la misión DART (Double Asteroid Redirection Test), cuyo objetivo es comprobar de forma directa el efecto de chocar con la luna del asteroide Didymos y comprobar los efectos que dicho choque tiene tanto sobre el satélite como sobre el sistema. Esto nos puede permitir evaluar nuestra capacidad de modificar la órbita de un asteroide con una colisión directa.

---

[24] Precisamente, el protagonista del ensayo de detección del que hablaba anteriormente.

Además del impacto directo, se valoran en la actualidad muchas otras propuestas. Desde el ataque nuclear al más puro estilo Hollywood, hasta el sutil pero lento efecto de "pintar" la superficie del asteroide, pasando por el más prosaico uso de motores ordinarios unidos a los asteroides, todas y cada una de las estrategias muestran alguna debilidad. En algunos casos se trata de tecnología aún no madura, efectos inciertos en el asteroide, o un coste demasiado elevado. Aún no disponemos de un salvavidas seguro y efectivo al que pudiéramos recurrir en caso de apuro.

En resumidas cuentas, los impactos son una fuente de problemas que va a tener lugar seguro. Tarde o temprano ocurrirán y el suceso será tanto más probable como pequeño resulte ser el asteroide. Esto implica que los desastres de pequeña escala, locales incluso, serán mucho más frecuentes que los globales. Siguiendo los números que hemos dado antes, sin embargo, es razonable esperar impactos medianos a grandes al menos una vez cada millón de años. Sabiendo esto, una receta segura para el desastre sería hacer como si nada y mirar hacia otro lado. La mala noticia es que el cielo caerá sobre nuestras cabezas. La buena noticia, que tenemos herramientas para limitar nuestras incertidumbres y para enderezar nuestro destino si, llegado el momento, somos capaces de identificar el riesgo.

Capítulo 5
Amores que matan

Hay una lógica perversa, por fortuna cada vez menos aceptada, que sostiene que quien bien te quiere te hará llorar o que hay amores que, de lo inconmensurables que son, te terminarán matando. Ni que decir tiene que la aplicación de semejantes máximas a las relaciones humanas nos lleva por un sendero muy poco edificante. Sin embargo, estos lugares comunes tienen una cierta lectura astronómica desde el catastrofismo que nos ocupa. Y es que hay una serie de factores que son esenciales para nosotros y que, al mismo tiempo, se pueden convertir en nuestra perdición.

En última instancia, todas las características del universo que nos rodea, sean o no hostiles para la vida en la Tierra, configuran esta realidad en la que habitamos. Así, aplicando de una manera un tanto ingenua el principio antrópico[25], podríamos concluir que todas ellas son necesarias para nuestra existencia, aun cuando se opongan a ella. En el capítulo anterior utilizamos este argumento al hablar de los impactos. Está bien que haya impactos, pero en la cantidad justa. Quítame de ahí esos dinosaurios que molestan pero no des caña a los primates. En

---

[25] Las cosas son como son porque estamos aquí. Una respuesta muy pobre si uno se pregunta sobre la causalidad.

ese delicado equilibrio vivimos. Y el equilibrio no se determina tanto por la posición sino por la sintonía entre dos fuerzas opuestas que conviven en el universo cercano. Gracias a este balance, nunca perfecto, siempre dinámico, se establece la situación que nos permite existir.

La misma idea subyace en todos los sistemas planetarios. Todos ellos necesitan su estrella. Sin ella no existirían o serían radicalmente diferentes. La estrella es el motor y el corazón de todo lo que le rodea. Al mismo tiempo, los planetas deben responder con su propia existencia a las inestabilidades de su progenitora, grandes o pequeñas.

No resulta fácil recordar lo profundamente inmersos que nos encontramos dentro de nuestra estrella, a la que llamamos Sol. La Tierra es un grano de polvo situado tan cerca de ella que las inestabilidades, naturales en cualquier estrella, podrían romper el equilibrio necesario para nuestra permanencia. Pero al mismo tiempo, si no estuviéramos tan cerca, si no nos expusiéramos de esta manera, tampoco podríamos acceder a los beneficios que aporta este riesgo, recibiendo energía suficiente como para mantener el agua en estado líquido, excitar la fotosíntesis en las bases de nuestro ecosistema y en general para mantener un flujo de energía óptimo.

Sin embargo, la estabilidad de las estrellas es siempre relativa y opera en unas escalas de tiempo características de su masa y temperatura. Algunas tienen variaciones apreciables de brillo en unas pocas horas o días, otras en décadas, siglos, o milenios. Es interesante señalar que las escalas temporales de la vida en cada uno de los ecosistemas tienen que estar necesariamente proporcionados de forma semejante, dando tiempo a reproducirse y posiblemente evolucionar entre cambios notables de la estrella. Así que la respuesta a por qué la vida es como es en la Tierra[26] está claramente vinculada al Sol, a sus procesos y a sus intervalos de tiempo.

En este capítulo hablaremos de tormentas solares, de apocalipsis desencadenados por la que ha sido deidad central en múltiples panteones. Pero también hablaremos de finales mucho más paulatinos, vinculados al necesario decaimiento de las estrellas. Y para ello necesitamos comprender un poco los procesos estelares, que gobiernan su nacimiento y su evolución, sus pequeños cambios, que pueden ser irrelevantes vistos desde la seguridad que dan unos cuantos cientos de años-luz y un buen telescopio, pero que son fundamentales cuando uno se sitúa en una órbita de la (mal) llamada zona de habitabilidad.

Así que en lugar de repetir esas frases con las que comenzaba, permitidme citar a un paisano mío que supo plantear la misma idea de una manera mucho más equilibrada y es que "es tan frecuente como extraño, si no puede hacerte daño no te hará feliz"[27].

A la luz del Sol

Qué agradable sensación sentados una tarde de verano mientras recibimos los últimos rayos del Sol. Es mi momento preferido para estar en una playa, al caer la tarde cuando la arena se enfría rápidamente y el agua aún nos parece cálida, tal vez por comparación. Pero debemos saber que ese estrecho haz de luz que nos baña tiene una historia bastante complicada por detrás.

---

[26] O incluso en todo el Sistema Solar interior, si es que existe en algún otro lugar.
[27] "Conozco un lugar", *Antes de que cuente diez,* Fito y Fitipaldis, 2009.

Los rayos de luz que bañan nuestra piel vienen precisamente de la piel del Sol. Una capa fina y externa que llamamos fotosfera es el origen de los fotones que llegan a nuestro planeta. La temperatura a la que se encuentra esta zona del Sol determina la cantidad de fotones de cada tipo que nos alcanzan. En buena medida, son de tipo visible. Una luz que puede atravesar nuestra atmósfera con facilidad y ser detectada por nuestros ojos o bien empleada por los organismos fotosintéticos en su metabolismo. Otra parte sustancial de los fotones solares, sin embargo, no puede ser vista por nosotros. Bien porque tienen poca energía (como las ondas de radio solares), bien por todo lo contrario (como rayos ultravioleta y rayos X).

La distinción entre radiación más o menos energética no es irrelevante. Cuando hablamos de la radiación electromagnética de alta energía, solemos usar el término ionizante. Es decir, que esa luz tiene la capacidad de robar algunos electrones a los elementos químicos. Ese tipo de radiación es muy peligrosa porque puede destruir la materia, rompiendo moléculas, átomos o, en los casos más extremos, los propios núcleos atómicos. Por contra, las radiaciones no ionizantes no tienen energía suficiente para ello. Ojo, no quiere esto decir que no sean peligrosas[28] si se reciben en suficiente cantidad, sino que el tipo de riesgo que entrañan es de diferente naturaleza.

El ejemplo más conocido de este problema lo presenta la radiación ultravioleta, que se sitúa justo en la frontera entre las radiaciones ionizantes y no ionizantes. Una pequeña parte de esta radiación, la menos peligrosa, es capaz de atravesar la atmósfera y de llegar a la superficie y, eventualmente, puede alcanzar nuestra piel y desencadenar en nuestro organismo una

---

[28] Cualquiera que haya sufrido una insolación con "simple" luz visible sabrá de lo que hablo.

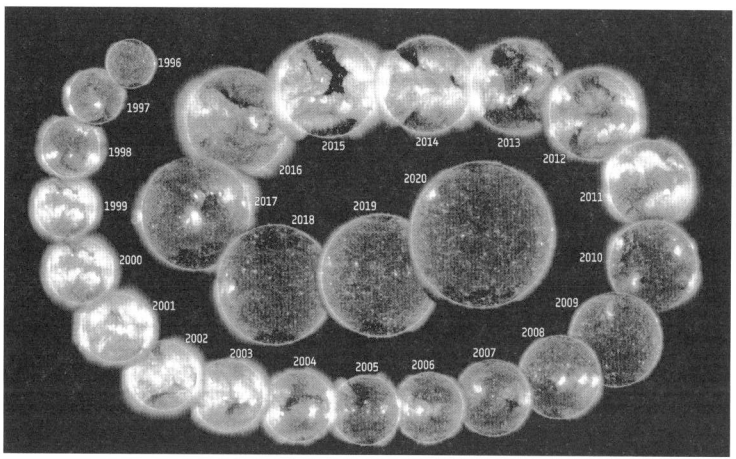

Durante más de 25 años, el satélite SOHO de ESA y NASA ha estado observando de forma continuada el Sol. Estas imágenes de nuestra estrella en el ultravioleta profundo muestran claramente dos ciclos de actividad undecenales, con el correspondiente aumento y disminución de la actividad solar y, por lo tanto, de las radiaciones de muy diferente índole que afectan a la Tierra. (© SOHO, ESA/NASA)

serie de procesos que culturalmente consideramos positivos, como puede ser el bronceado solar. No obstante, como es bien sabido, esa radiación ultravioleta también puede provocar otros efectos menos positivos y servir como desencadenante de algunos tipos de cáncer de piel. La correlación que existe entre la radiación ultravioleta y la generación de estas enfermedades es clara y robusta y no debería por lo tanto sorprendernos que los médicos nos pidan que protejamos nuestra piel de semejante agresión.

Por fortuna, la propia capacidad de las radiaciones ionizantes de interactuar con la materia, sumada a las características de nuestra atmósfera, determina que en su inmensa mayoría los fotones de alta energía no lleguen a tocar la superficie y los seres que en ella habitan. Así, la atmósfera actúa como un escudo que detiene esa luz y, en los casos más extremos, la transforma en una cascada de partículas en general inocuas para nosotros. Pero esta protección no es completa. De hecho, largas exposiciones al Sol, estancias a gran altura y fenómenos como las variaciones en el espesor de la capa de ozono, modifican la cantidad de radiaciones naturales que nos llegan. Además, el escudo atmosférico tiene una capacidad limitada de absorber las radiaciones y, durante algunos eventos que abordaremos en este libro, se puede ver desbordada y ser incapaz de frenar la agresión externa. ¿Puede esto suceder en el caso del Sol? De nuevo podemos invocar a nuestra buena fortuna para señalar que nuestra estrella es particularmente estable, incluso dentro del grupo al que pertenece por razón de su masa y temperatura. Las estrellas más frías que el Sol, por ejemplo, las llamadas de tipo M, tienden a ser más variables e impredecibles, debido a su propia estructura interna y a los poderosos campos magnéticos que tienen asociados. Aunque estos campos magnéticos están relacionados, como veremos en la siguiente sección, con la cantidad total de energía emitida por la estrella, aquí hablamos única y exclusivamente de su luz o radiación.

¿No podría entonces una estrella como la nuestra comenzar de pronto a emitir más o menos de luz de forma que nuestra supervivencia quedara amenazada? ¿Es posible una variación cataclísmica de las radiaciones que comprometa el desarrollo de la vida o la propia integridad del planeta? No en una estrella como el Sol. Las estrellas se mantienen en equilibrio entre dos fuerzas que compiten entre ellas. Por un lado, su enorme masa tiende a colapsar la estrella en un objeto mucho más pequeño y denso. Por otro, la enorme cantidad de radiación desencadenada por las reacciones termonucleares en el corazón de la estrella ejerce una presión que podría hacer que la estrella explotara. Las estrellas que se encuentran en equilibrio, como la nuestra, reciben el nombre técnico de estrellas de secuencia principal, a veces se les llama incluso "estrellas normales" y ocupan, afortunadamente, la inmensa mayoría del tiempo de vida de estos astros. Como todo en la naturaleza, el equilibrio nunca es perfecto y estático. Las estrellas se encuentran siempre oscilando de forma leve alrededor de dicho punto, pulsando como un corazón. Si la estrella es normal, la pulsación es tremendamente pequeña e incluso difícil de detectar. Algunas estrellas, que llamamos variables, presentan oscilaciones muy notables que incrementan y disminuyen su brillo y radio de una forma que sería interesante analizar si es compatible con la vida. No es este el caso de nuestro sistema planetario.

Sin embargo, este estado de equilibrio también va cambiando a lo largo del tiempo. Incluso en el largo período de estabilidad de una estrella "adulta", lo que hemos definido antes como "secuencia principal", el brillo va cambiando de manera débil pero constante, de forma que la estrella que termina sus días no es exactamente igual que la que acababa de nacer, antes incluso de los grandes cataclismos finales que se desencadenarán. Esta variación paulatina de la cantidad de energía que envía la estrella juega también un papel importante en la habitabilidad de nuestro planeta. Así, el brillo del Sol seguirá aumentando hasta el fin de sus días, lo que, a igualdad de otros factores, hará que la temperatura de nuestro planeta se incremente. Dado que ya hemos visto los problemas que tenemos para evitar un efecto invernadero desbocado, es fácil darse cuenta del peligro que se nos presenta. Como ranas en una cazuela que se caliente progresivamente[29],

---

[29] Este símil fue popularizado por Al Gore en el documental sobre el cambio climático *Una verdad incómoda* (2006), pero tiene sus orígenes en un libro de autoayuda de Olivier Clerc. Por sugerente que este símil nos resulte, parece que no resiste la comprobación empírica y las ranas son mucho más listas de lo que parece.

terminaremos por encontrarnos en un auténtico planeta sauna mucho antes de que el Sol se acerque siquiera a su final. Es difícil precisar cuándo sucederá esto, pero algunos modelos sitúan el punto de evaporación total de nuestra querida agua dentro de unos 1.000 millones de años.

La lectura de este fenómeno solar es mucho más interesante, sin embargo, si rebobinamos la película planetaria. ¿Cómo es posible que existiera agua líquida en la Tierra, como muestran las evidencias, si el planeta recibía mucho menos calor solar? Esto es lo que se conoce como "paradoja del Sol joven y débil" y fue propuesta hace casi 50 años por Carl Sagan y George Mullen. El registro fósil muestra una temperatura en nuestro planeta mucho más estable de lo que la astrofísica sugeriría, a pesar de sufrir también variaciones importantes. Para explicarlo, es necesario invocar el efecto invernadero y el mayor calentamiento por decaimiento radiactivo de algunos materiales presentes en la corteza del planeta. Se han presentado otras posibles soluciones a la paradoja (fuerzas de marea, ciclos orbitales y otros), pero lo que parece un hecho incontestable es que de alguna manera la temperatura se reguló de una forma bastante adecuada para la vida, quizá con la propia biosfera jugando un cierto papel secundario en ese equilibrio.

La paradoja del Sol joven se propaga también hacia nuestros vecinos. ¿Fue quizá Venus más habitable en el pasado precisamente por la misma razón? ¿Cómo pudo Marte realmente llegar a ser cálido y húmedo si se encuentra aún más lejos de nuestra estrella que nosotros mismos? Todas estas cuestiones astrobiológicas son fascinantes y permanecen esencialmente sin responder, a la espera de nuevos datos sobre las evoluciones de estos planetas.

Resumiendo, la luz del Sol, que nos da la vida, también proyecta sombras sobre nuestro futuro. No lo hace como un apocalipsis repentino y próximo, sino que más bien representa una lenta muerte que nos acecha en el futuro. Por desgracia, el Sol hace mucho más que emitir luz y su equilibrio dista mucho de ser perfecto, como veremos a continuación.

Tormentas solares

Como todos sabemos, incluso el carácter más apacible y estable tiene sus días malos. Y aunque hemos visto que la luz posee un reverso tenebroso, no debería ser la mayor de nuestras preocupaciones cuando hablamos del Sol. Junto con la radiación electromagnética, nuestra estrella envía al espacio una corriente continua de material cargado eléctricamente, lo que llamamos genéricamente iones. Esta corriente es lo que normalmente se llama viento solar y está compuesta por los elementos básicos del átomo más abundante: el hidrógeno. Este se ve roto por diversos procesos y desemboca en un montón de electrones y protones. En menor medida, algo parecido sucede con el helio, convirtiéndose en las llamadas partículas alfa, que no son más que su núcleo desnudo. Todavía son más raros, pero también se encuentran en el viento solar átomos parcialmente cercenados de todo tipo de elementos más pesados. Aunque todas estas partículas nos parezcan pequeñas, lo cierto es que el rango de masas es enorme y, por lo tanto, incluso aunque se enfrenten a los mismos procesos, adquieren velocidades muy diferentes. Estas partículas se ven aceleradas por el inmenso campo magnético solar y terminan convirtiéndose en un flujo supersónico que barre el Sistema Solar.

Esta lluvia más o menos continua de material golpearía la superficie de nuestro planeta, provocando graves dificultades a los seres vivos que habitamos sobre ella, sino fuera por la atmósfera, que es capaz de neutralizar estas partículas haciéndolas interactuar con sus gases y perder energía. Por desgracia, semejante bombardeo termina cobrando su peaje sobre la atmósfera y puede ser una de las razones por las cuales nuestro vecino Marte haya perdido buena parte de su atmósfera desde que se formó. En la Tierra, en cambio, poseemos un elemento adicional: el campo magnético. Nuestro campo magnético hace que las partículas cargadas del viento solar sean conducidas a lo largo de determinadas direcciones, extrayendo buena parte de su energía antes del choque con nuestra atmósfera o incluso expulsándolas de nuestro entorno. Gracias a nuestro campo magnético, la presión que soporta la atmósfera es menor de la que le corresponde y este doble efecto protector preserva la superficie de un potencialmente dañino bombardeo.

De hecho, las líneas de campo magnético terrestre nacen y mueren en los polos magnéticos, muy cerca de los geográficos, aunque actualmente invertidos con respecto a estos. Eso convierte a las regiones polares en las zonas preferidas para que las partículas cargadas lleguen a nuestra atmósfera, desencadenando en ese momento los fenómenos aurorales que tanto nos fascinan y que serían la demostración de una pirotecnia potencialmente mortal que nos está amenazando.

El problema es que ningún escudo resiste eternamente[30] y en algunas ocasiones el empuje del viento solar puede ser tan enorme que la magnetosfera se comprime y se produce lo que llamamos una reconexión. Simplificando un poco, es una especie de cortocircuito: las autopistas magnéticas por las que viajaban las partículas cargadas se cruzan y el resultado es una enorme liberación de energía que perturba todo el campo mag-

---

[30] Que se lo pregunten a Steve Rogers.

nético terrestre y lo debilita. Es lo que llamamos una tormenta geomagnética.

Hay dos ejemplos históricos de tormentas geomagnéticas sobre los que tenemos información. El primero sucedió en el año 1859 y ha sido bautizado como "evento Carrington", en honor del afortunado astrónomo que tuvo la suerte de ver el fogonazo solar que desencadenó los acontecimientos posteriores. En aquella sociedad en la que las telecomunicaciones se encontraban en un estadio muy temprano, solo las líneas de telégrafo reportaron problemas, debido a las corrientes eléctricas que tuvieron que soportar los cables. Aparte de esto, se observaron auroras en latitudes inusualmente bajas, como por ejemplo en La Habana. Por lo que sabemos, esta ha podido ser la tormenta geomagnética más po-

Las auroras boreales son uno de los ejemplos más llamativos de las interacciones que se producen en nuestra alta atmósfera con las partículas cargadas emitidas por el Sol. Esta imagen muestra cómo se vieron en enero de 2015 desde Noruega pero pueden alcanzar latitudes más bajas durante períodos de mayor actividad solar. (© Svein-Magne Tunli, tunliweb.no)

derosa que ha golpeado la Tierra, aunque en la última década evitamos una muy similar por los pelos[31]. El segundo ejemplo histórico que se suele considerar es la tormenta de 1989. El efecto más notable de esta tormenta fue colapsar la red eléctrica de Québec, en Canadá, y dejar sin electricidad a 6 millones de personas durante varias horas en una fría noche de marzo. También se informó de auroras en latitudes muy bajas, como por ejemplo en Florida, además de otros efectos en las telecomunicaciones por satélite que en algunos casos estuvieron caídas durante semanas. Estos problemas afectaron por ejemplo a Radio Libre Europa y, en plena guerra fría, hubo quien confundió estos síntomas con un ataque de la Unión Soviética.

Como se puede deducir de esta breve muestra, una tormenta geomagnética de estas dimensiones por siglo es algo que podemos esperar con bastante seguridad. Háganse por supuesto todas las salvedades ya comentadas con respecto a la estadística y a su significado que ya hicimos al hablar de los impactos. Sin embargo, debe advertirse que esta frecuencia depende de un parámetro fundamental: la actividad solar. Las emisiones de partículas que generan las tormentas están relacionadas con el momento en el que se encuentre el Sol, que va alternando en períodos de 11 años una mayor y menor actividad. La manifestación más evidente de su estado es el número de manchas solares que podemos ver en su superficie, siendo mayor su número en las épocas de gran actividad. Tampoco todos los ciclos son exactamente iguales y parecen existir ciclos de mayor período superpuestos al ciclo undecenal, así como tramos de baja actividad solar sin explicación aparente. Esto hace realmente complicado

---

[31] Por solo 9 días de diferencia.

predecir la intensidad de los ciclos solares excepto a unos pocos años vista. A pesar de que nuestros modelos del Sol y nuestras observaciones mejoran año a año, todavía no podemos presumir de saber cómo va a reaccionar nuestra estrella en un momento dado y con un 100% de seguridad.

Sin embargo, gracias a los registros atrapados en los testigos de hielo ártico y en los anillos de crecimiento de algunos árboles, hoy en día sabemos que las tormentas de *tamaño Carrington* no son las únicas que nos pueden alcanzar. Eventos de mayor escala generan una cantidad inusual de isótopos radiactivos, principalmente de carbono pero también de otros elementos. Esta huella radiactiva nos permite descubrir las huellas de tormentas sucedidas hace miles de años, siempre y cuando tuvieran suficiente intensidad. Estos reciben el nombre de *eventos Miyake* en honor del físico japonés que supo identificar e interpretar esas señales radiactivas. El evento que descubrió tuvo lugar a finales del siglo VIII y se estima que tuvo una potencia diez veces mayor que el de Carrington. Y no ha sido el único, aunque no son intrínsecamente un fenómeno periódico, tenemos un registro similar cada 1.000 años, sumando hasta nueve eventos registrados, cinco de los cuales están completamente confirmados. De hecho, recientemente se ha informado de un evento aún más energético hace unos 14.000 años. Aunque en este punto la base estadística se debilita, es muy posible que estos eventos sean más raros pero aun así recurrentes en escalas de tiempo de unos 10.000 años.

Parece, a la vista del exiguo registro histórico que hemos presentado en los párrafos anteriores, que el efecto de estas tormentas sobre nuestra biosfera no debe de ser muy grave. Se ha discutido sobre el posible efecto que pueden tener sobre los seres vivos y quizá solo animales migratorios pueden llegar a sentirlo, tal vez ni siquiera eso. Las personas que se encuentren en altitudes extremas, tales como astronautas o pilotos de aviación, pueden verse expuestas a una mayor cantidad de radiación con las complicaciones biológicas que ello conlleva, pero tampoco esto queda claro del todo.

¿Dónde está entonces el riesgo de las tormentas geomagnéticas? Precisamente en su efecto sobre las infraestructuras eléctricas sobre las cuales se sustenta nuestra sociedad de la información. En 1859 el problema se circunscribió al telégrafo, pero si la tormenta de 2012 o un evento tipo Miyake hubiera golpeado nuestro planeta se habría podido cebar en una red mucho más tejida de telecomunicaciones. No solo satélites o estaciones de potencia individuales podrían llegar a caer, sino que incluso los largos cables oceánicos podrían verse afectados. Las visiones más catastróficas hablan de varios años para reconstruir la infraestructura que sustenta internet, al menos tal y como la conocemos. El efecto que esto tendría en nuestra estructura social es difícil de determinar: ¿supondría el colapso total de nuestra civilización o sería, por el contrario, un tropiezo del que simplemente podríamos levantarnos?

Por otro lado, con todo lo que sabemos, hay una serie de medidas que se están tomando y otras que deberían estar tomándose. En primer lugar, y como en anteriores capítulos, situaría la observación y la comprensión. Ser capaces de modelizar con antelación la "meteorología espacial" puede marcar la diferencia. Observar a tiempo los fenómenos solares, también. Una vez lanzada al espacio la descarga de material, disponemos de un tiempo variable para sentir sus efectos. Desde algunos minutos hasta, incluso, días. Un tiempo precioso que podríamos aprovechar para proteger nuestros sistemas eléctricos de la forma más simple: desconectándolos y aislándonos. Ahora bien, llegados a este punto yo siempre me pregunto si nuestra sociedad sería capaz de renunciar voluntariamente al WhatsApp, el GPS, Instagram y todas las maravillas de las telecomunicaciones actuales. Aunque solo hubiera que hacerlo durante unas horas para salvar unos meses de desconexión forzada y total, ¿serían las personas al cargo capaces de tomar semejante decisión? ¿Perdonaría la sociedad una decisión de este calado? Personalmente, lo dudo. Así, llegado el momento de evaluar la capacidad destructiva de una tormenta geomagnética vemos que apenas se queda en un primer escalón y, a lo sumo, podríamos esperar la destrucción de nuestra civilización en el proceso. Creo que en este caso más que en ningún otro podríamos argumentar además que caeríamos víctimas de nuestros propios errores, del cortoplacismo, de la ignorancia deseada y del egoísmo. El tiempo dirá qué sucede cuando nos toque enfrentarnos a este apocalipsis, si es que antes no sucumbimos a otro.

El corazón de las estrellas

Hasta aquí hemos tratado sucesos que son esencialmente superficiales para una estrella, pero ¿qué pasa en el fondo de nuestro Sol, en esa región que lo convierte en una estrella? Aunque esta cuestión parece ahora irrelevante, lo cierto es que de cara a lo que vamos a plantear en los capítulos siguientes es necesario abordarla para comprender qué hace que una estrella sea una estrella.

De niños, nos enseñan que las estrellas brillan con luz propia mientras que los planetas, presumiblemente, no lo hacen. Esta es una definición que reconozco que me saca de mis casillas. Pongamos por caso que se detonaran simultáneamente todas las armas nucleares que existen en nuestro planeta. No soy capaz de dar cifras, pero sin duda emitirían bastante luz. Supongamos que la superficie de la Tierra se calentara tanto que emitiera luz visible. Sin duda, tardaría en enfriarse un tiempo largo. ¿Sería entonces una estrella? La respuesta es, por supuesto, que no.

La razón de haber escogido la detonación del arsenal nuclear no es por puro catastrofismo[32], sino que también está relacionado con el tema que nos ocupa. Podríamos haber elegido la colisión con un enjambre de asteroides, por ejemplo, y la respuesta habría sido la misma. Pero es que la energía nuclear tiene una importancia capital en lo que nos ocupa.

Una estrella, nos dicen, brilla con luz propia. Pero un planeta también puede hacerlo y, de hecho, lo hace continuamente, emitiendo luz infrarroja en razón de la temperatura a la que se encuentre. La clave no está en la luz sino en la palabra "propia". Una estrella es capaz de generar su propia energía y no lo hace de cualquier manera, sino que emplea para ello reacciones nucleares de fusión. Es un astro tan grande, con una gravedad tan descomunal, que su núcleo se encuentra bajo unas condiciones de presión y temperatura imposibles de conseguir en nuestro planeta[33].

Cuando una masa de gas, formada por los gases más abundantes del universo, el hidrógeno y el helio, se ve sometida a semejantes condiciones, comienza de forma espontánea a producirse la transmutación del hidrógeno en helio. Resumiendo mucho, dos átomos de hidrógeno se fusionan y crean un átomo más pesado, el helio. En ese proceso se libera una buena cantidad de energía y ahí tenemos la fuente "propia" de las estrellas. Cada segundo, unas 600 millones de toneladas de hidrógeno se transforman en 596 millones de toneladas de helio,

---

[32] A estas alturas del libro mi credibilidad al respecto será nula.

[33] Algunos laboratorios tratan de recrear condiciones similares durante breves instantes de tiempo mediante la generación de ondas de choque. A día de hoy no han alcanzado ni siquiera las condiciones esperadas en el núcleo de Júpiter.

y el resto de la masa, esos 4 millones de toneladas restantes, se transforma directamente en energía. Esto es lo que llamamos energía nuclear de fusión, muy diferente de la fisión que practicamos en las centrales nuclear y que se basa precisamente en lo contrario, romper átomos pesados.

La fusión nuclear es el santo grial de la generación de energía. Por dos razones: la primera porque genera mucha más energía por kilogramo de material que la fisión, al menos si comparamos la fusión de hidrógeno con la fisión del uranio o similares. La segunda razón es que, mientras que la fisión genera átomos inestables o radioactivos que tienden a seguir descomponiéndose y emitir energía, la fusión del hidrógeno genera un gas de la categoría que llamamos "noble". Es decir, que no se relaciona con otros elementos plebeyos y, de generarse en la Tierra, subiría por la atmósfera como los globos perdidos de los niños después de un día de feria. Por desgracia, no somos aún capaces de producir las condiciones adecuadas para la fusión del hidrógeno, ni siquiera a pequeña escala. Tampoco lograrlo resolvería nuestros problemas energéticos por completo, dado que habría que conseguir el hidrógeno de algún sitio y lo que tenemos más a mano es una molécula que es esencial para nuestra supervivencia inmediata: el agua.

Pero regresemos a las estrellas. Una vez que el motor nuclear ha arrancado, lo que tenemos ya se puede considerar una estrella. Si por falta de masa no ha sido capaz de iniciar el proceso, hablaremos normalmente de un planeta, aunque existen categorías intermedias como las enanas marrones en las que se desencadenan algunos procesos de fusión parciales. Este motor solo funciona en la zona central del astro, en una región que normalmente se sitúa entre una décima parte y un cuarto de su radio. El resto de la estrella entorpece el avance de la energía generada por el núcleo, hasta que eventualmente los fotones alcanzan la superficie y pueden viajar más o menos libremente por el espacio. En el caso de nuestro Sol, la luz tarda un millón de años en alcanzar la superficie y solo 8 minutos en llegar desde allí a nuestro planeta.

Pero este motor no solo es una fuente de energía, es también un elemento indispensable para el equilibrio de las estrellas. Dada su enorme masa, las estrellas tienden a colapsar bajo su propio peso. Este colapso se vería solo detenido por las fuerzas electromagnéticas que se establecen entre las moléculas. Sin embargo, la gigantesca emisión de energía del núcleo propicia todo lo contrario, empujando las capas exteriores hacia fuera. Hablamos de una estrella adulta (o de "secuencia principal") cuando ambas tendencias se equilibran y tenemos una estrella estable y capaz de mantenerse más o menos constante en radio, temperatura y brillo. Este equilibrio es muy delicado, por la enorme magnitud de las fuerzas involucradas, algo así como mantener un piano de cola suspendido en el aire utilizando un enorme ventilador. Con el añadido, además, de que ese piano de cola podría caer directamente sobre nuestras cabezas.

Pero, tal y como estamos abonados al desastre, podríamos preguntarnos: ¿qué sucede si se rompe este equilibrio de fuerzas? Como nos podemos imaginar, nada bueno para nosotros y nuestro querido planeta Tierra.

El destino de nuestro Sol

Después de este breve interludio para conocer cómo funcionan las estrellas, volvamos a nuestra tarea de invocar el apocalipsis. Este es, sin duda, uno de los más definitivos y totales que se pueden lograr, destruyendo por completo el planeta Tierra y dejando poco o ningún rastro detectable en el universo, según discurran los acontecimientos. Sin embargo, es también bastante probable que para cuando este apocalipsis nos alcance la Tierra haya sido devastada por algún otro acontecimiento astronómico y, por tanto, será una destrucción redundante.

Hemos visto cómo se sostiene una estrella. Pero ese delicado equilibrio depende de la disponibilidad de combustible. El hidrógeno es muy abundante en una estrella, pero no todo el hidrógeno está necesariamente disponible para ser fusionado. Las estrellas más frías y pequeñas mezclan su material de forma continua[34] y podrán brillar durante eones. Pero las estrellas un poco más calientes empiezan a tener problemas para mezclar el núcleo con las capas exteriores. Sea como fuere, cuando el combustible se acaba, cesa la generación de energía y el andamio que sujetaba la estrella se desmorona bajo la presión gravitatoria. Sin embargo, gracias a las leyes de la termodinámica, un gas que se comprime aumenta su temperatura, así que tarde o temprano se alcanzarán las condiciones para cambiar de combustible y empezar a fusionar, por ejemplo, helio. Este interesante camino lo dejaremos para capítulos posteriores.

Aunque puede resultar extraño, un núcleo estelar que se comprime nos lleva a una estrella que se expande. Según las capas van literalmente cayendo unas sobre otras, las más ligeras sobre las más pesadas, aquellas rebotan sobre estas y generan una expansión de la estrella como un conjunto. Una estrella más grande, más fría y más roja. Lo que llamamos una gigante roja. Nuestra estrella, dadas sus características, alcanzará esta

---

[34] La menor temperatura hace que el interior estelar sea más opaco a la radiación, por lo que la energía se transporta mediante convección como en una cazuela con líquido puesta al fuego. En otras estrellas como nuestro Sol, esta zona convectiva está limitada a una región periférica y el transporte de energía se realiza mediante radiación.

La inevitable fase de gigante roja de nuestro Sol supone un límite máximo a la supervivencia de nuestro planeta. El aumento de las temperaturas durante su expansión así como el enorme cambio en su tamaño y el efecto que esto tendrá sobre las órbitas de los planetas interiores, dejan fuera de toda duda que la Tierra no podrá superar esta fase. (Imagen creada con Celestia)

fase dentro de aproximadamente 5.000 millones de años y comenzará a hincharse peligrosamente, desencadenando el apocalipsis definitivo sobre la Tierra.

Existen múltiples trabajos que han intentado reproducir esos aciagos días. Para ello, necesitamos modelos de evolución estelar y también cálculos orbitales precisos, porque la órbita terrestre se va a ver severamente afectada por el enorme cambio del radio solar. Este alcanzará y superará la órbita de Venus, probablemente llegando hasta la órbita terrestre. Nadie podrá presenciarlo, ya que la cantidad de energía que llegará a nuestra superficie irá también aumentando hasta literalmente freírla entera. Como un último rasgo de justicia poética, esta fase estelar puede conducirnos a una astronómicamente breve primavera más allá de la órbita de Neptuno. Durante unos cientos de millones de años los hielos largamente olvidados de los cuerpos que allí habitan podrían fundirse y quién sabe si dar lugar a nuevos mundos habitables con sus propios y variados finales.

La mayoría de los modelos muestran que nuestro planeta se verá expulsado hacia el exterior en una órbita espiral que, probablemente, no será suficientemente rápida como para escapar de la expansión estelar, que acabará engulléndonos: primero sumergiéndonos en las tenues capas exteriores de la atmósfera solar y más tarde empujándonos hacia el denso y caliente interior de la estrella. Por supuesto, en función de algunas variables que a día de hoy nos resultan imponderables, cabe también la posibilidad de que nuestro planeta sea expulsado fuera del Sistema Solar, saliendo despedido hacia las frías profundidades del espacio interestelar.

La evolución de nuestro Sol no deja lugar a la duda: nuestro destino está sellado. No se contentará con volver nuestra superficie completamente inhabitable, sino que además alterará nuestra órbita primero alejándonos y después devorándonos, sin margen de error. Estamos condenados por el mismo astro que nos da la energía cada día. De los diferentes escalones de destrucción que presentamos capítulos atrás, nuestra estrella es capaz de recorrerlos todos. Así que cuando salgamos a disfrutar de la luz del Sol por la mañana recordemos que bajo esa aparente generosidad se oculta una capacidad de destrucción como la que no hemos conocido hasta ahora en este libro. Continuemos, pues, para superarla.

Capítulo 6
Vecinos molestos

Ay, las volubles estrellas, esos gigantes de gas que alumbran mundos por toda la galaxia y que, juntas, permiten iluminar en el cielo los mastodónticos universos-isla en los que se arraciman. Después del último capítulo, confío en que todos los lectores hayan perdido esa ingenua confianza en ellas, si hasta el mismo Sol que nos permite vivir nos tiene al mismo tiempo cogidos en su puño y puede hacernos polvo, literalmente, en un instante. Quizá, también ingenuamente, se piense que al fin y al cabo es la estrella más cercana a nosotros y, por tanto, estemos fuera de peligro con respecto al resto. Aunque debo reconocer que no conocemos ningún peligro inminente en una zona relativamente amplia, tampoco conviene llamarse a engaño: otras estrellas pueden desencadenar el apocalipsis sobre nuestro planeta de varias formas.

La estrella más cercana a nuestro planeta se sitúa a solo 4 años-luz. Esta unidad de distancia es muy práctica para el medio interestelar y nos permite plantear las enormes amplitudes que manejaremos en unos términos muy visuales. La estrella Próxima Centauri es una enana roja que probablemente forma parte de un sistema estelar triple y cuenta con su propio planeta, tal vez muy parecido al nuestro e incluso dentro de la zona de habitabilidad. A primera vista, lo que suceda en este paraje relativamente cercano de la galaxia no tiene mucho que ver con nosotros. A fin de cuentas, esos pequeños 4 años-luz se pueden transformar en 10.000 años viajando a la velocidad de nuestros medios actuales. Como veremos en este capítulo, esa aparente seguridad no es del todo cierta. Además, hemos sido muy afortunados al tener como vecino a un sistema estelar y planetario tan apacible, ya que podríamos haber tenido la mala pata de coincidir con uno mucho más molesto.

Si algo no falta en las galaxias son las estrellas. De hecho, las galaxias son acumulaciones masivas de estrellas, aunque a día de hoy sabemos que también contienen mucho más que eso. Las más pequeñas pueden tener algunos miles de ellas, mientras que las más grandes, como nuestra Vía Láctea, pueden superar el centenar de miles de millones de estrellas. Llegados a este punto, hay mucha gente que se lleva las manos a la cabeza, resopla y se da por vencida. En esas situaciones siempre hay que llamar a los grandes y aquí Carl Sagan hizo una estimación muy visual: el número de estrellas en el universo es similar al número de granos de arena que hay en todas las playas de la Tierra. Los astrónomos somos muy bastos en lo relativo a los números y, normalmente, nos conformamos con que el número de cifras sea el mismo para aceptar que dos números son aproximadamente iguales[35]. Así que cuando decimos que hay el mismo número queremos decir que bueno, más o menos, tendrá el mismo número de cifras. Si se quiere, para nosotros muchas veces dos (o tres o siete) es prácticamente lo mismo que uno.

Lo que realmente me interesa aquí es que podemos pensar en granos de arena como estrellas y en el universo como playas.

---

[35] Este principio no rige para las nóminas de los astrónomos.

Obviamente el grosor y la calidad de las arenas cambia de unas playas a otras, pero más o menos podemos esperar que haya unos 10.000 millones de granos de arena en un metro cúbico de playa. Ese volumen es el que desalojan algunas de las construcciones playeras más grandes que encontramos a veces durante el verano, cuando algún padre sobremotivado se transforma en ingeniero de obras públicas con su hijo, que aún atiende la escuela primaria. No podemos ni imaginar 10.000 millones de estrellas, pero resulta mucho más sencillo pensar en un metro cúbico de arena. Nuestra galaxia tendría en estrellas, entonces, el equivalente a un cubo de 2 metros y pico de lado en granos de arena. Pienso que esto es mucho más visual y nos ayuda a dar ese paso atrás necesario para comprender los peligros que entrañan los grandes números.

Corremos la tentación de pensar que lo que sucede a esas estrellas es completamente ajeno a nuestro sistema planetario; pero sería un error caer en esa tentación, ya que todas las estrellas de una determinada galaxia están conectadas entre sí. Aunque su diámetro sea de unos 100.000 años-luz, hay mucha más relación entre todos nosotros de lo que inicialmente cabría pensar. Está claro que el enorme tamaño de la galaxia obliga a que los cambios se propaguen en escalas de tiempo mucho más amplias que la vida humana, de hecho comparables a la edad de nuestra especie, ya que nuestro Adán cromosómico y nuestra Eva mitocondrial son situados por la genética hace unos 140.000 y 200.000 años, respectivamente.

Gracias a la misión Gaia de la Agencia Espacial Europea, hemos podido trazar las intrincadas relaciones que se establecen entre las estrellas de la galaxia. Gaia es una misión espacial cuyo principal objetivo es realizar un mapa muy preciso de nuestro entorno, determinando la posición y velocidad de no menos de un 10% de las estrellas que componen la Vía Láctea. Al hacerlo, hemos podido comprobar lo que se venía defendiendo desde hace décadas: que la historia de nuestra galaxia es una relación compleja y dinámica entre todos sus elementos. Así, tal vez lo que ahora suceda en el otro confín de la galaxia nos parezca irrelevante, pero quizás esa misma estrella pasó una vez, hace casi 5.000 millones de años, cerca de nuestro Sol y sacudió levemente un pedrusco, que cambió su órbita y terminó conduciendo a la gran colisión que dio lugar a nuestra Luna, que a su vez puede ser indispensable para la estabilidad de la vida en nuestro planeta.

En este capítulo vamos a ver de qué manera nuestros vecinos pueden ser molestos, esas fiestas a altas horas de la madrugada, esos golpes en el techo al sentir los pasos del de arriba, tal vez solo el flujo normal de la vida en un bloque de edificios, pero una cuestión de vida o muerte cuando se trata de la supervivencia de unos pequeños organismos en órbita alrededor de una estrella enana.

Pidiendo sal

Hay un tópico de las comunidades de vecinos que dice que siempre hay uno dispuesto a dejarse caer por el resto de viviendas con la excusa peregrina de pedir un poco de sal o perejil, posiblemente con la simple y llana intención de cotillear.

Así son también las estrellas. No es que vayan pidiendo favores por el resto de sistemas, pero a veces sucede que la compleja dinámica de la galaxia nos lleva a encuentros cercanos, pasos por el entorno que pueden producir multitud de consecuencias inesperadas y algunas de ellas catastróficas. Ni siquiera es necesario que la estrella visitante arrase con todo, camino de una colisión catastrófica, algo que por otro lado puede ser sumamente improbable, sino que puede bastar con desestabilizar unos pocos elementos del complejo entramado gravitatorio que da forma al Sistema Solar para que el castillo de naipes se desmorone.

Que objetos provenientes de otros sistemas estelares nos visitan es algo que nos imaginábamos, pero que quedó palmariamente demostrado a finales de 2017, cuando el llamado Oumuamua atravesó nuestro sistema y se vio gravitacionalmente acelerado por Júpiter para perderse de nuevo en el medio interestelar. Analizando su órbita, podemos concluir con bastante certeza que su nacimiento no se sitúa en órbita alrededor del Sol, sino que debió venir del exterior. Más dudas se han planteado con respecto a su naturaleza, con las apuestas pujando fuerte sobre su origen asteroidal (de hecho, así está oficialmente considerado), pero con otras hipótesis bastante más exóticas encima de la mesa y con desigual adhesión por parte de la comunidad científica.

En todo caso, en lo que a nosotros nos concierne, no sería más que uno de los miles de objetos que van cruzando el plano de la eclíptica a lo largo del tiempo. La única razón para que un objeto como Oumuamua abandonara la tranquilidad de su sistema natal pudo ser el paso cercano de otra estrella, suficiente como para alterar las órbitas de objetos débilmente ligados a su estrella.

Uno de los pasos mejor documentados es el de la llamada estrella de Scholz, que pudo acercarse hace 70.000 años hasta poco menos de 10 meses-luz, mucho más cerca que Próxima Centauri, pero 52.000 veces más lejos de lo que se encuentra la Tierra del Sol. Este paso cercano pudo desestabilizar a muchos objetos de la nube de Oort, desencadenando una serie de impactos que, según algunos estudios, se pudieron sentir en nuestro planeta. Sin embargo, esta estrella es relativamente pequeña y fría y su efecto gravitatorio es mucho menos potente que el de otros potenciales visitantes.

Gracias a la misión Gaia sabemos que hay al menos 700 estrellas que pasarán muy cerca de nosotros en los próximos 15 millones de años y unas 26 que posiblemente reduzcan su distancia más allá de Próxima Centauri. El más llamativo de todos estos sucesos será el de Gliese 710, que tiene una masa del 40% de nuestro Sol. El casi millón y medio de años que nos separa de la probable fecha de impacto hace que nos sintamos un poco más relajados pero, en palabras de los científicos que caracterizaron este evento, podría ser el encuentro más destructivo de toda la historia, pasada y futura, de nuestro Sistema Solar. A pesar de que no llegará a más de 10.000 unidades astronómicas del Sol, será más brillante en el cielo que cualquier otra estrella.

La órbita de la Tierra ocupa un volumen extremadamente pequeño comparado con las distancias interestelares, por lo que no es muy probable que un paso estelar cercano vaya a irrumpir en la zona interior. Pero ni siquiera eso es necesario para que la destrucción se desencadene en nuestro entorno. Como en el caso de Oumuamua, los cometas y objetos más exteriores tienen una ligazón más débil con el Sol y muchas de sus órbitas se podrían ver alteradas. El destino más probable de todas ellas será, esta vez sí, el sistema interior. Esto conecta los eventos de categoría estelar con los propios de los impactos interiores que hemos descrito en el capítulo 4, y, a su vez, los movimientos estelares van a estar vinculados con los flujos de escala galáctica que abordaremos en el próximo capítulo.

Se estima que un paso cercano de características similares a los que acabamos de describir se produce cada aproximadamente 50.000 años. Esta es una escala de tiempo aparentemente más corta que las de los grandes impactos, pero debemos recordar siempre que los efectos del paso cercano pueden ser muy variables, incluyendo la posibilidad de que prácticamente nada importante llegue a ocurrir. Estos eventos pueden suceder varias veces en la historia de una especie como la nuestra, pero el papel que juegan es muy incierto con escalas de destrucción que pueden oscilar entre el máximo y el mínimo de la escala que creamos en los primeros capítulos y, en buena medida, se solapa con las ideas que hemos desarrollado al hablar de impactos.

Quizá algún lector se esté preguntando ahora si es imprescindible el concurso de un agente externo para provocar inestabilidades dentro de nuestro sistema planetario. Esta es una pregunta excelente y ha ocupado mucho tiempo a los especialistas de mecánica orbital, desde la época de Newton hasta la era actual de supercomputadores. Resumiendo mucho los avances más recientes, podríamos decir que el sistema es caótico en el sentido de que es imposible predecir con exactitud la posición incluso de los planetas más grandes en escalas de tiempo suficientemente amplias. Para los asteroides y cuerpos menores, los llamados *tiempos de Liapunov* que marcan el paso de un sistema dinámico a un estado caótico pueden ser de algunos miles de años, mientras se extienden a varios millones en el caso de los grandes planetas. Sin embargo, caos no es equivalente a desorden y podemos decir que el sistema es estable en escalas de tiempo del orden del tiempo de vida de nuestro sol. Este no es un detalle menor y, aparentemente, la configuración orbital con planetas interiores terrestres y exteriores gigantes contribuye a la longevidad orbital de nuestro sistema. Estamos viendo que estas características no son compartidas por la mayoría de los sistemas planetarios que detectamos alrededor de otras estrellas y esto implica que muchos de ellos pueden ser intrínsecamente inestables. Ahora bien, este elemento caótico inherente a la compleja interacción gravitatoria entre varios cuerpos añade aún más incertidumbres al resultado de un evento de aproximación cercana de objetos de masa estelar que, como hemos visto, es algo esperable en un volumen suficientemente grande alrededor de nuestra estrella.

¿Cabe algún paliativo para estos eventos? Por supuesto, si detener un cometa es imposible, hacer lo propio con una estrella lo es con mucha mayor razón. Lo que sí podemos hacer es seguir recabando información sobre nuestro entorno galáctico, precisamente con cartografiados estelares del estilo de Gaia, lo que nos va a permitir prever con bastante antelación cuándo y cómo se producirá el encuentro. Dado que las escalas de tiempo son este caso mucho más amplias, quizá la solución más sencilla sería tratar de prever la carambola cósmica que podría desencadenar y actuar sobre ella a nivel de impactos interiores del sistema. O tal vez, simplemente prefiramos sentarnos a ver pasar los siglos esperando una destrucción inevitable. La experiencia nos indica que, como en la película *No mires arriba*[36], lo más probable es que no intentemos nada hasta que sea demasiado tarde como para que tenga sentido.

Las estrellas nos hacen polvo

Cuántas veces habremos oído la frase de "somos polvo de estrellas". Una afortunada licencia poética unida a la increíble capacidad de Carl Sagan para comunicar ciencia en la década de los 80 condujeron a uno de los mayores lugares comunes de la divulgación científica. Hoy en día sabemos que no todos

---

[36] *Don't look up*, Adam McKay (2021).

los átomos provienen de las estrellas, ya que ciertas combinaciones tienen lugar en nuestro propio planeta, y que el término
"estrellas", en este contexto, debe ser tomado con cierta laxitud,
ya que incluye las etapas finales de la evolución estelar que,
siendo rigurosos, no encajan bien con el término usado normalmente.

Lo que ahora nos preocupa es precisamente la situación
contraria: la capacidad de destrucción de las estrellas. Un poco
más adelante veremos que, afortunadamente, las estrellas de
nuestro universo tienen una cierta tendencia a explotar. Digo
afortunadamente porque sin estas explosiones estelares cance-
laríamos a la vez una fuente de peligros para nuestra supervivencia y también de materiales imprescindibles, como hemos
mencionado en el párrafo anterior.

El parámetro fundamental a la hora de determinar lo que
sucederá con un planeta cuando alguna estrella cercana explota
es la distancia. Obviamente hay explosiones más grandes y más
pequeñas, pero en una primera aproximación podemos consi-
derarlas a todas igualmente destructivas. Un planeta orbitando
alrededor de una estrella puede ser literalmente vaporizado durante la explosión. Pero si la órbita es lo suficientemente lejana
en relación a la intensidad de la explosión, también pudiera
darse el caso de que el planeta lograra sobrevivir, aunque como
veremos notará los efectos de lo que suceda en la estrella. Si la
explosión se produce en otro sistema, lo más probable es que
el planeta mantenga su integridad pero sus capas exteriores, típicamente gaseosas, sufrirán los efectos de la explosión.

Tomemos como ejemplo un tipo de explosiones muy características de las estrellas masivas: la explosión de supernova. Una
cuestión bastante importante sobre ellas es que su intensidad es
prácticamente la misma en todos los casos, lo que simplifica bastante establecer unos límites claros a la hora de determinar la su-

pervivencia de los potenciales espectadores. Estas explosiones de supernova son tan gigantes que pueden igualar durante unos días el brillo completo de la galaxia que las alberga, decayendo después lenta y paulatinamente para dejar atrás un residuo débil y difícil de detectar. Por supuesto, existen otras formas en las que las estrellas pueden explotar, pero esta es la más frecuente y energética.

Algunos estudios han señalado que alrededor de las supernovas existe lo que se suele llamar "zona de muerte". Un nombre que no invita al optimismo, ciertamente. Cualquier sistema dentro de la zona de muerte se vería severamente afectado por la explosión, tanto más cuanto más en el interior se ubique. El límite exterior de esta región tan peligrosa vendría determinado por la capacidad de la explosión de afectar a nuestra atmósfera. La mayor parte de la energía en una explosión de supernova se emite al espacio en forma de fotones de alta energía, como los rayos gamma. Estos fotones tienen la capacidad de interactuar con los átomos de la alta atmósfera e ionizarlos, es decir, de arrancarles los electrones más exteriores, alterando sustancialmente sus propiedades. Entonces, el límite de la zona de muerte se pone en el punto en el que la radiación es capaz de afectar a nuestra capa de ozono, considerada crucial para nuestra existencia por su papel protector con respecto a la radiación ultravioleta, como ya se ha comentado en capítulos anteriores.

La zona de muerte podría tener un radio de unos 25 años-luz. Teniendo en cuenta que la estrella más cercana se sitúa a solo 4 años-luz de nosotros, uno puede sentir el aliento del desastre sobre el cogote de la vida. Cualquier explosión más cercana del límite va a producir como mínimo una destrucción sustancial de la capa de ozono y, por lo tanto, va a desencadenar la desaparición casi total de la vida en superficie. No olvidemos que una buena parte de la biomasa se oculta bajo el subsuelo o en el agua, lo que reducirá la capacidad destructiva del proceso.

Una cosa curiosa de las supernovas es que producen un tipo muy particular de hierro, el isótopo 60, que es inestable y tiene un tiempo de vida media de algunos millones de años, lo que lo convierte en un excelente reloj que permite datar el momento en el que se produce la contaminación. Si además este tipo de hierro viene acompañado por una cantidad correlacionada de otros isótopos radiactivos, como el manganeso-53, uno puede quedar plenamente convencido del origen de la explosión en una supernova. La explosión estelar baña su entorno, mucho más allá de la zona de muerte, y va dejando un temporizador con el que podemos datar las explosiones.

La pega es que la superficie del planeta Tierra es muy complicada. Sufre una erosión muy intensa, hay formas de vida que ocultan el relieve en unas pocas semanas, hay cursos de agua y, en fin, toda una variedad de fenómenos empeñados en borrar las huellas de la historia cósmica. La detección de los isótopos radiactivos es por lo tanto muy complicada, si no imposible, en un ambiente normal. Sin embargo, hay dos lugares cercanos que, por el contrario, son excelentes para la conservación de estas pistas. En primer lugar, algunos tipos de fondos oceánicos. El hollín estelar iría depositándose en el fondo de los mares en condiciones en las que ningún agente va a alterar sus concentraciones significativamente. El otro punto donde las pruebas se conservan a la perfección es nuestro satélite, la Luna. Las muestras que los astronautas de las misiones Apolo trajeron a la Tierra tienen una concentración de estos isótopos radiactivos, que nos permite estudiar y datar las explosiones de supernovas cercanas a la tierra en un radio varias veces mayor que la zona de muerte.

La misión Gaia de la ESA ha supuesto una auténtica revolución en nuestro conocimiento sobre las interacciones entre los cuerpos que componen nuestra galaxia y cómo estas interacciones modelan su forma y evolución. (© ESA/ATG medialab, fondo de ESO/S. Brunier)

Ambas fuentes de información, océanos y la Luna, han sido estudiados y arrojan resultados similares, permitiéndonos determinar un flujo inusual de los isótopos mencionados hace unos dos millones de años y desde una fuente localizada a unos 300 años-luz de la Tierra. Aparentemente, nos pilló a salvo pero, ¿pudo hacer algo más que cubrirnos con polvo de estrellas? Es posible que sí, algunos modelos atmosféricos muestran que la atmósfera pudo ionizarse profundamente durante un período de tiempo variable, tal vez cientos o miles de años, sin provocar un cataclismo pero aumentando la cantidad de radiación cósmica, es decir, de otras fuentes diferentes a la propia supernova, tal vez hasta el triple de un valor normal.

Esta historia encaja muy bien con otra que no seguiremos en este libro y que dejaremos en otro lugar: la búsqueda de nuestros orígenes. Las estrellas que explotan como supernovas suelen ser grandes y jóvenes y presumiblemente se pudieron formar junto con nuestro Sol. Pero aquí nos centramos en la destrucción, y precisamente, hace unos 2 millones de años, tuvo lugar una de las diversas extinciones masivas que salpican el registro fósil, la llamada del límite Plioceno-Pleistoceno. Este fenómeno podría ser compatible con un aumento temporal de la cantidad de radiación ionizante que llegaba a la superficie del planeta y pudo afectar más a algunas especies, aunque esto se encuentra aún en debate. De esta forma, hermanas de nuestro Sol, aún cercanas, pudieron evolucionar y explotar, provocando severas consecuencias en nuestro planeta. Pero, ¿qué hace que una estrella termine explotando de tal manera? Para entenderlo, debemos volver a abrir un paréntesis para asomarnos a la vida íntima de las estrellas.

Vive rápido y serás una supernova

Dicen que James Dean, el eterno adolescente del cine americano, solía repetir "vive rápido, muere joven y deja un cadáver bonito". Esta frase, en realidad, había aparecido antes en el cine[37], pero ilustraba muy bien la forma de vida del actor y probablemente de otras muchas rutilantes estrellas del cine o de la música en las décadas siguientes. ¿Y qué tiene esto que ver con las estrellas? Pues, por lo que sabemos, que muchas de ellas se aplican la misma máxima.

En capítulos anteriores hemos visto que las estrellas sobreviven en un tenso y precario equilibrio entre dos fuerzas que

---

[37] *Knock on Any Door* (1949), protagonizada por Humphrey Bogart y John Derek, cuyo personaje pronuncia la famosa frase.

compiten entre sí. Por un lado tenemos la inmensa presión gravitatoria que tiende a colapsarlas; por otro lado, está la fantástica presión de radiación generada por el núcleo, que tiende a hacerla explotar. Dado que ambas fuerzas están además relacionadas entre sí, porque a mayor masa mayor presión en el núcleo y, por tanto, mayor radiación, son capaces de compensarse y llegar a una situación de equilibrio entre ambas.

Pero la situación de equilibrio es muy diferente según la masa de la estrella. Las estrellas pequeñas, de baja masa, emitirán poca cantidad de energía porque no necesitan más para sostenerse. Las estrellas grandes, de alta masa, en cambio, emitirán mucha más. Esto hace que las estrellas menos masivas sean rojas y frías, mientras que las estrellas más masivas serán azules y calientes. Esta relación intrínseca entre las propiedades estelares nos permite establecer algunos parámetros que no podemos medir directamente, al proporcionarnos una relación entre ellos.

Sin embargo, para emitir más energía, las estrellas azules deben quemar una cantidad mucho mayor de combustible en forma de, recordemos, hidrógeno que se transforma en helio. Dado que tienen mucha más masa disponible, uno podría pensar ingenuamente que esto no supone ningún problema. Sin embargo, la velocidad a la que consumen el hidrógeno es mucho más alta que su disponibilidad. Eso significa que las estrellas se consumen mucho antes cuanto más azules sean. Como una regla sencilla, se suele decir que el tiempo que una estrella vive es inversamente proporcional al cuadrado de su masa. Es decir, una estrella con una masa inicial diez veces superior a la del Sol solo podrá sostenerse durante un tiempo que será una centésima de la vida de nuestra estrella.

Las estrellas azules, por lo tanto, viven rápido y mueren jóvenes. De hecho, si vemos una estrella muy azul podemos afirmar sin temor a equivocarnos que será bastante joven. Por el contrario, una estrella roja vive mucho pero, si la observamos en un instante determinado no sabremos concretamente la edad que tiene. Solo nos queda ya la parte final de la frase con la que comenzábamos: dejar un cadáver bonito.

¿Qué sucede cuando el combustible se agota? Lógicamente, el motor deja de funcionar y la estrella se desmorona. En realidad, para cuando las capas más finas de la región exterior alcanzan las zonas más profundas, las capas más interiores y densas ya están rebotando y se produce, paradójicamente, un ensanchamiento en la estrella, como hemos comentado anteriormente. A partir de aquí, se produce una serie de arranques del motor central en base a nuevas reacciones termonucleares que se basan en la fisión de elementos progresivamente más pesados. Estos arranques se encuentran a una estrella cada vez peor estructurada y las repentinas emisiones de energía son capaces, en ocasiones, de destruir completamente la estrella en una explosión que llamamos de supernova, que solo se puede lograr cuando la estrella tiene una masa varias veces superior a la del Sol.

Sin embargo, no todas las supernovas son iguales. Desde la Tierra podemos distinguirlas principalmente observando cómo disminuye su luz después de alcanzar el máximo de brillo. Esto ha permitido categorizar distintos tipos de supernovas y encontrar uno que es particularmente curioso: las supernovas de tipo Ia. Su principal característica es que el brillo que alcanzan es muy homogéneo, independientemente de las características físicas iniciales del sistema. Esto les da una utilidad fundamental como "candelas estándar". Este término es una traducción infame del inglés que sería mejor sustituir por "mojones astronómicos"[38] o "hitos galácticos". La idea es que si ese tipo particular de super-

---

[38] Término que nunca cuajó, por alguna razón.

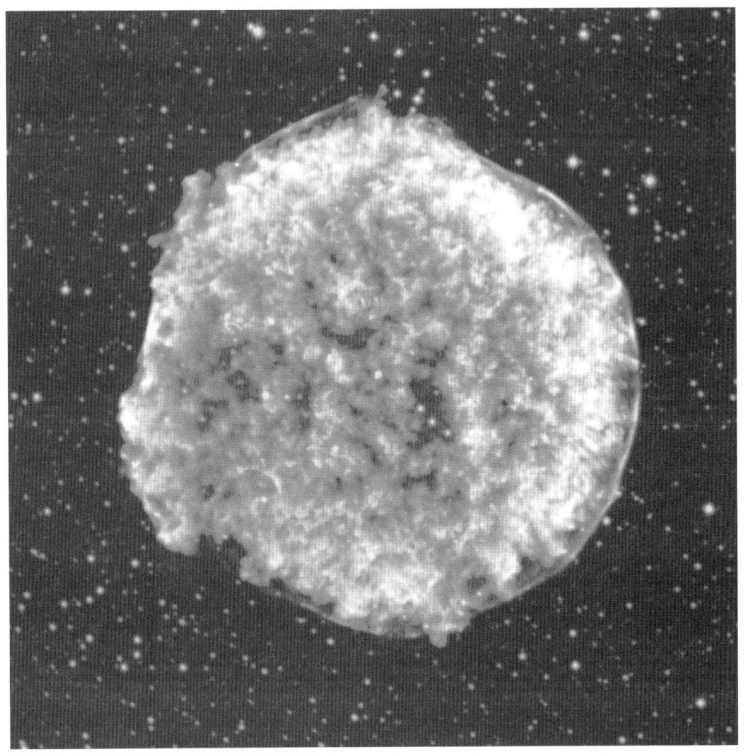

Tras la explosión de la denominada Supernova de Tycho, a finales del siglo XVI, el material expulsado es calentado por ondas de choque hasta emitir fuertemente en rayos X, como muestra esta imagen obtenida por el Observatorio de Rayos X Chandra, de NASA. Estos restos o remanentes de supernova enriquecen el medio interestelar, proporcionando elementos pesados que de otra forma no estarían disponibles para las nuevas generaciones de estrellas y planetas. (© Rayos X, NASA/CXC/RIKEN & GSFC/T. Sato *et. al.;* Óptico, Digital Sky Survey)

nova tiene el brillo absoluto bien definido y lo vemos débil será solo porque su brillo se ha atenuado debido a la enorme distancia que nos separa. Este método para determinar distancias a galaxias tan lejanas que resultan invisibles, excepto cuando explotan supernovas, ha permitido, por ejemplo, descubrir la expansión acelerada del universo y la existencia de algo que se ha venido en llamar "energía oscura". Pero eso, como diría Michael Ende, es otra historia. El mecanismo físico por el que se forman las supernovas de tipo Ia es también muy curioso. Aunque se basa en los mismos mecanismos estelares, requiere la presencia de dos participantes en el proceso. Más o menos la mitad de las estrellas del cielo forman en realidad parte de sistemas múltiples, en su mayoría binarios y en ocasiones con tres o más miembros. En un par de estrellas, la evolución de ambas sería en principio independiente y respondería únicamente a los criterios de masa que antes hemos mencionado. Así, la estrella más masiva evolucionará más rápido y se enfrentará antes a su destino que la estrella más pequeña del par. En multitud de ocasiones, el efecto de la evolución de una será despreciable en la otra. Algunos sistemas, en cambio, se encuentran lo suficientemente cercanos como para que la estrella que entra en fase de gigante roja, al hincharse, desborda el pozo gravitacional y cede parte de su masa a la estrella más pequeña, quien se convierte por lo tanto en una estrella más masiva de lo que era al formarse. Este sutil efecto va a tener una influencia fundamental en el devenir del sistema. Cuando la primera estrella abandona la fusión termonuclear y se convierte en lo que llamamos una enana blanca, el sistema atraviesa una nueva etapa de paz y tranquilidad. Tarde o temprano, sin embargo, la paz será quebrada cuando la segunda estrella se transforme a su vez en gigante roja y, de nuevo, desborde sus límites para donar material a su compañera. Lo que antes fue una transición más o menos suave, ahora se va a convertir en un evento cataclísmico. En esta ocasión, el material relativamente frío de la gigante roja no cae sobre una superficie estelar normal, sino sobre una enana blanca a millones de grados de temperatura, realmente el núcleo expuesto de una estrella moribunda. Si alguna vez has echado agua sobre una plancha caliente podrás imaginarte el resultado: el material se transforma súbitamente al contacto con la superficie ardiente de la enana blanca. Solo que en este caso, la cantidad de energía que se libera es descomunal y se produce lo que llamamos una explosión de supernova Ia. Los detalles concretos del sistema, la masa de cada estrella, sus temperaturas o composición no afectan demasiado al resultado de esta serie de eventos y la magnitud de la explosión es prácticamente invariable de un caso a otro. Así, las supernovas de este estilo brillan exactamente lo mismo en origen, y si percibimos brillos diferentes solo es achacable a la distancia que nos separa de ellas.

Las supernovas son interesantes por otras muchas razones. Como ya hemos comentado, por ser procesos de creación de nuevos elementos. La mayoría de los que son más pesados que el hierro son generados durante estas explosiones, donde el gasto neto de energía no es un problema. No todos, cuidado, ya que las atmósferas estelares extremas también son un buen ecosistema para permitir la creación de algunos isótopos. Pero simplificando un poco la realidad, podemos asumir que muchos de los elementos que consideramos en nuestro día a día son producto de la muerte de una o más estrellas.

Tic, tac, tic, tac

En las películas de terror suele suceder que mientras los protagonistas tratan de comprender lo que está sucediendo, una sombra a su alrededor sigue interesada en hacer de las suyas[39].

---

[39] Y "las suyas" no suelen ser cosas buenas.

Mientras nosotros comprendemos los mecanismos que desencadenan las explosiones de supernova, estas siguen explotando a nuestro alrededor y, aunque parece que en los dos últimos millones de años no ha habido ninguna explosión exageradamente cercana, no podemos descartar que mañana, astronómicamente hablando, no vaya a suceder.

Así pues, la pregunta pertinente en estos momentos sería, estadísticamente, ¿con qué frecuencia explotan las estrellas como supernovas? ¿Es posible establecer una frecuencia promedio? Esta pregunta no tiene una única respuesta, ya que depende del medio que rodea a la estrella o, más genéricamente, de la galaxia que la alberga. Algunas galaxias tienen lo que llamamos "formación estelar activa", es decir, que están naciendo estrellas en su interior de una forma continua en la actualidad. Estas galaxias suelen ser jóvenes o estar afectadas por la interacción con otras galaxias, por lo que el nacimiento estelar se encuentra desbocado. En cambio, hay galaxias mucho más pacíficas, donde apenas nacen estrellas, bien porque están muy envejecidas y no tienen material para formarlas, bien porque se sitúan en un ambiente con pocas interacciones gravitacionales.

A pesar de lo que pueda parecer, las explosiones de supernovas están íntimamente relacionadas con el nacimiento de las estrellas. Las razones ya las hemos desglosado anteriormente, pero las repetiremos: al nacer las estrellas se forman tanto grandes como pequeñas. Pero las más grandes, que son precisamente las que tienden a explotar, recorren su vida antes incluso de que las más ligeras hayan tenido tiempo de formarse o madurar. Todo esto puede llegar a suceder en períodos de tiempo astronómicamente breves, del orden de unos pocos millones de años. Así que las supernovas se convierten en delatoras de los lugares de nacimiento estelar y estos procesos de destrucción están por lo tanto íntimamente ligados a la creación de nuevos mundos.

Por lo tanto, las galaxias con formación estelar serán también auténticos hervideros de supernovas. Tomemos como ejemplo la galaxia NGC 6946, también llamada "de los fuegos artificiales". Entre 1917 y 2017 se han observado diez supernovas diferentes. Y esto en una galaxia que apenas tiene la mitad de estrellas que la nuestra. Hasta donde sabemos, no hay en el universo cercano ningún ejemplo que se acerque a esa prodigiosa actividad. La Vía Láctea, en cambio, es mucho más moderada. En base a las observaciones que podemos hacer de algunos isótopos del aluminio creados durante las supernovas, podemos inferir que explotan dos o tres supernovas cada siglo. De todas estas supernovas hay algunas, obviamente, que quedan fuera de nuestro cono de visión. Nuestra ubicación periférica hace que exista una zona invisible para nosotros, al otro lado del núcleo galáctico, de forma que la frecuencia observada es en realidad menor, siendo de aproximadamente una supernova galáctica cada 50 años. En este caso la denominación de "galáctica" es fundamental, dado que también podemos ver supernovas en galaxias cercanas, incluso a ojo desnudo.

Desde que en 1604 Johannes Kepler observara la supernova que lleva su nombre, no hay registro que atestigüe la observación de ninguna otra en nuestra galaxia, si bien el remanente de supernova llamada Casiopea A parece ser más joven, aunque nadie informó haber presenciado la explosión. Aparentemente, las estimaciones indican que en realidad nos perdemos dos de cada tres de estas explosiones cercanas, simplemente por una configuración geométrica o temporal inadecuada. No es una buena proporción, pero aun así hay una aparente falta de supernovas en nuestro entorno. Y eso, en las películas de terror, no suele ser buena señal.

¿Hay entonces alguna estrella a punto de explotar en nuestros alrededores? Siempre cabe la posibilidad de que nos hayamos perdido algo, pero gracias a misiones como Gaia, que mapea la galaxia a nuestro alrededor, la posibilidad de que se nos haya pasado por alto es francamente remota. Las estrellas masivas y cercanas son, necesariamente, brillantes y, por consiguiente, no deberíamos tener problemas para identificarlas en el cielo. Es, de hecho, una de ellas, la estrella que más debería inquietarnos.

La estrella Betelgeuse es una de las diez estrellas más brillantes del cielo. Se sitúa en la hermosa constelación de invierno de Orión, donde destaca debido a su tono rojizo. Desde luego es conocida desde la antigüedad[40] y debemos su extraño nombre a las transcripciones que los árabes hicieron de los antiguos textos griegos. Es una estrella gigante roja, que corresponde por lo tanto a los últimos estadios de la evolución estelar, precediendo a lo que, dada su masa, será sin duda una supernova por colapso del núcleo[41]. De hecho, desde hace décadas observamos fluctuaciones importantes en su brillo, que muchos achacan a la inminencia de su muerte. Se trataría probablemente de una supernova de tipo II, que no requiere la intervención de ninguna compañera. Templando un poco los ánimos, los astrónomos, siempre en el colmo de la precisión, estimamos que esta gigantesca explosión sucederá en cualquier momento en los próximos 100.000 años. De hecho, es posible que ya haya tenido lugar, dado que la luz tarda unos 700 años en alcanzarnos una vez ha salido de la estrella.

---

[40] Es mencionada por Homero en la *Ilíada,* un texto escrito hace nada menos que veintiocho siglos.

[41] Es decir, sin la influencia de otra estrella compañera.

¿Qué sucederá el día en que Betelgeuse explote? Será la supernova más cercana observada[42] jamás y, aunque no será intrínsecamente más brillante que el resto, sí que nos lo parecerá debido a la escasa distancia que nos separa de ella. Durante un tiempo, emitirá tanta luz como la luna llena, siendo visible incluso de día. Sin embargo, poco a poco irá atenuándose hasta desaparecer de nuestra vista, tal vez en el plazo de un par de años. Y es que lo que quedará tras semejante evento será casi con toda seguridad una estrella ultra-compacta, una estrella de neutrones de apenas 20 km. Los astrónomos tendrán la ocasión de estudiar una supernova como nunca antes, por lo que muchos de ellos esperan ansiosos la llegada de ese día y espían su evolución a la espera de detectar alguna señal que la anticipe.

Si recordamos el concepto de "zona de muerte", veremos que la distancia que nos separa de Betelgeuse, aun siendo pequeña, es lo suficientemente grande como para no ser preocupante. Sin duda alguna, veremos la luz que emita y la radiación que nos alcance se verá incrementada, tal vez dejando algunas huellas detectables en el registro geológico, pero en su mayoría bloqueada por la alta atmósfera terrestre. Estamos a salvo por esta vez.

¿Existe algún otro ejemplo de estrellas que puedan explotar en nuestro vecindario? Si pensamos en estrellas individuales y brillantes como Betelgeuse, podemos estar bastante tranquilos, ya que en general son sistemas bien caracterizados. Por ejemplo, la estrella Rigel, muy cerquita de Betelgeuse en el cielo pero más lejos de nosotros en realidad. Más peligrosos pueden ser los sistemas formados por enanas blancas que pueden terminar con una explosión de tipo Ia, ya que su menor brillo

---

[42] Observada por ojos humanos, ya que recordemos que hubo una supernova aún más cercana hace unos dos millones de años.

puede hacerlas pasar inadvertidas. Por ejemplo, IK Pegasi se encuentra a solo 150 años-luz de nosotros. Afortunadamente, su rápido movimiento relativo al Sol alejará de nuestro entorno esa bomba potencial antes de que pueda estallar. Ninguna otra estrella cercana parece estar en condiciones de amenazarnos ahora mismo. Afortunadamente, hemos llegado a conocer bastante bien la historia de la evolución estelar y, a pesar de las enormes incertidumbres que maneja la astronomía, disponemos de tiempo suficiente para aventurar que una estrella entrará en la fase de supernova. Al menos, antes de eso se hinchará enormemente en la fase de gigante roja, y esto nos da una antelación de, al menos, centenares de miles de años. Eso sí, con una explosión de supernova suficientemente cerca, nuestra seguridad se verá completamente comprometida, ya sea por el efecto directo de la radiación sobre la superficie, ya sea por el más intrincado mecanismo de alterar nuestra atmósfera y afectar a nuestras condiciones ambientales.

Vida después de la muerte

En el año 1995, Michel Mayor y Didier Queloz pudieron confirmar la detección de un planeta orbitando alrededor de una estrella. De hecho, este era tan grande y estaba tan cerca del astro que literalmente ambos orbitaban alrededor del centro del sistema. Precisamente, su técnica permitía la detección del bamboleo inducido por el planeta en su estrella. Aquel año se abrió la veda en la caza de los exoplanetas, que en las últimas décadas se ha alimentado principalmente del método de Mayor y Queloz (llamado "de las velocidades radiales") y de otro método basado en los tránsitos de los planetas por delante de su estrella (técnica "de los tránsitos"). Merecidamente, ambos científicos recibieron el Premio Nobel de Física en el año 2020, por abrir una nueva etapa en la astrofísica y en la exploración del espacio. Hablaremos de todo esto en el último capítulo del libro, cuando consideremos los posibles futuros de la humanidad.

Sin embargo, mucha gente desconoce que este no fue realmente el primer planeta descubierto. Ya en el año 1991 se había anunciado el hallazgo de lo que se suele llamar un planeta de púlsar. Aunque este descubrimiento fue más tarde retirado y, en 1992, fue seguido por otro similar. Pero empecemos por el principio, ¿qué es un púlsar y por qué habría de querer tener planetas?

Cuando hemos visto la evolución estelar nos hemos detenido en el momento de la explosión de supernova. Lo que queda después, tal vez no debería ser llamada una estrella, por cuanto no genera energía mediante reacciones termonucleares de fusión, pero por simplicidad seguiremos llamándola así. En realidad, se trata del núcleo expuesto de la antigua estrella. Algo hemos sugerido en páginas anteriores: según sea la masa original de la estrella, lo que quedará será llamada una enana blanca, una estrella de neutrones o incluso un agujero negro. Son lo que llamamos "objetos colapsados". Bien, pues un tipo particular de estos es lo que llamamos un púlsar, realmente una estrella de neutrones que gira a gran velocidad.

Esto se complica por momentos. ¿Estrella de neutrones? ¿Pero qué demonios es eso? Intentando no maltratar demasiado a la física, resumiremos que, desmoronado el andamio que sustentaba la estrella, algo debe jugar ese papel estabilizador. Si la masa es muy grande, no bastará con las fuerzas electromagnéticas que evitan, por ejemplo, el colapso de nuestro planeta. En ese caso, la materia se comprime y se degenera hasta formar una sopa de neutrones, capaces de ocupar mucho menos espacio y de sujetar la estructura en base a las interacciones nucleares.

Hemos pasado, por lo tanto, de una estrella con un radio que se mide en millones de kilómetros, a otro objeto cuyo radio se mide en, como mucho, decenas de kilómetros. La física es inexorable a este respecto. Si una estrella normal puede dar una vuelta sobre su propio eje una vez cada veinte o treinta días, el mismo cuerpo comprimido puede girar tan rápido como una vez cada pocos milisegundos. A toda pastilla, para entendernos. Y, aunque no lo creáis, ya casi hemos llegado al púlsar.

Tenemos entonces un objeto ultra-compacto que gira muy rápido. Estos cadáveres estelares tienen asociados intensos cam-

Esta representación artística muestra el primer sistema planetario descubierto fuera del sistema solar, alrededor del púlsar PSR B1257+12. Este descubrimiento fue realizado por Aleksander Wolszczan en 1992 desde el radio telescopio de Arecibo y fue el preludio de la imparable sucesión de detecciones planetarias alrededor de estrellas ordinarias que tendría lugar en los años siguientes. (© NASA/JPL-Caltech)

pos magnéticos, que atrapan las partículas cargadas del entorno y emiten un tipo muy particular de radiación, llamada de sincrotrón. Al contrario de lo que pasa con otros tipos de radiación, que se emiten en todas direcciones, como la radiación térmica de una estrella, este tipo de radiación está fuertemente concentrada en unas direcciones específicas que coinciden con el eje del campo magnético de la estrella. A veces, no siempre, el eje del campo magnético está desalineado con respecto al eje de rotación[43] y eso hace que la radiación asociada al campo no apunte siempre en la misma dirección, sino que va apuntando hacia regiones diferentes del cielo. Visto desde la distancia, habrá ocasiones en las que el haz apuntará en nuestra dirección, y lo veremos de forma intensa, mientras que otras veces apuntará en la dirección opuesta, y no lo veremos en absoluto. En resumidas cuentas, tendremos un astro en el cielo cuya radiación será intermitente. Si el cuerpo gira miles de veces por segundo, detectaremos estas variaciones con la misma frecuencia.

La primera vez que se detectó un púlsar, los científicos Jocelyn Bell y Anthony Hewish no comprendían qué podía estar creando ese patrón de radiación tan perfectamente constante. Medio en broma, medio en serio, utilizaron el acrónimo LGM[44] para referirse a este tipo de señal. Precisamente esta denominación recibió una atención desmedida en la prensa, aunque ambos científicos ya sospechaban que debía haber algo mucho más prosaico detrás. Algo más tarde, Anthony Hewish desarrolló la explicación que hemos esbozado más arriba en un

---

[43] Esto también sucede en los planetas. En algunos casos, como en la Tierra o Júpiter, este desalineamiento es relativamente pequeño. En cambio, planetas como Urano y Neptuno muestran un gran desalineamiento entre los dos ejes, que no terminamos de entender.

[44] Little Green Men o Pequeños Hombrecitos Verdes.

modelo físico de los objetos ya bautizados como púlsares. Esta explicación le valió el Premio Nobel de Física, que muchos habríamos considerado más justo si se hubiera extendido a la codescubridora de estos objetos[45].

No perdamos el norte: ¿por qué nos interesaban estas peonzas estelares? ¿Qué razón tenemos para preocuparnos de ellas? La presencia de objetos de masa planetaria orbitando a distancias que a comienzos de los 90 se consideraban normales para ellos, introduce minúsculas oscilaciones en la rotación de la estrella. El pequeño cabeceo que fuerzan añade una pequeña señal periódica a la de otra forma estable pulsación que detectamos. Y midiendo estas perturbaciones, podemos medir muchos parámetros interesantes del potencial objeto, principalmente masa y período orbital. Y cuál no sería nuestra sorpresa al constatar que algunos objetos de masa similar a la de la Tierra tenían órbitas no tan distintas a la nuestra, alrededor de un objeto que ya ni siquiera podía ser llamado estrella de pleno derecho y, peor aún, que había perdido su nombre en un cataclismo de inimaginables dimensiones.

Sin embargo, estos planetas no podían ser parecidos a los viejos conocidos que tenemos en el Sistema Solar. Hoy en día, pensamos que esencialmente los planetas de púlsar se pueden agrupar en tres categorías diferentes. La primera de ellas correspondería a planetas que se han formado inmediatamente después de la explosión de supernova, a partir del material eyectado durante la explosión y en la que a veces se genera incluso

---

[45] Jocelyn Bell, estudiante de doctorado en aquel momento, es ahora una de las astrofísicas más influyentes del mundo. Siempre se ha mostrado en paz con la decisión del comité de los Nobel, que centró el reconocimiento en la explicación del fenómeno en la que ella no tuvo arte ni parte. Aunque esa humildad la engrandece aún más, creo que no seré el único que se mantenga en la opinión de que debió ser incluida en el premio de pleno derecho.

un disco similar al de los sistemas aún nacientes. Estos planetas tendrían, por lo tanto, una abundancia de elementos radioactivos muy diferente de la que conocemos en la superficie de la Tierra, posiblemente incompatible con la vida.

La segunda categoría de planetas púlsar podría estar compuesta por algo muy diferente de lo que normalmente entendemos por planeta. Una posible estrella cercana o compañera a la supernova sería casi con toda seguridad vaporizada por la explosión. Pero quizá, con un tamaño suficiente, sería capaz de conservar una pequeña parte, con una masa tremendamente reducida y tal vez enriquecida en elementos pesados generados por el cataclismo, pero indudablemente muy lejos de un planeta de pleno derecho.

Finalmente, hay una última categoría de planeta. Desde finales del siglo XX, poco después de las primeras detecciones de exoplanetas, sabemos de la existencia de planetas errantes. Estos planetas no orbitan en torno a ninguna estrella, sino que han sido eyectados de los sistemas en los que nacieron, enviados al frío del medio interestelar sin la compañía y el calor de una estrella. Eventualmente, algunos de estos planetas pueden ser capturados por el remanente de supernova, que aún dispone de un notable campo gravitatorio, y pasarían a formar parte de un nuevo sistema planetario. En algunos casos, el proceso de captura se pone en evidencia en las características orbitales, tal y como podemos detectar en algunas lunas del Sistema Solar.

Así las cosas, no parece que las condiciones que se pueden dar en los planetas púlsar sean en modo alguno compatibles con la vida, al menos tal y como la conocemos. Ya sea por el proceso esterilizador de la explosión, la larga exposición a las duras condiciones del medio interestelar o porque, de hecho, el cuerpo no sea ni siquiera un planeta, lo cierto es que difícilmente ningún tipo de ser vivo es esperable en ellos.

En el capítulo anterior hablamos de los enormes riesgos que implica vivir tan cerca de una estrella como es nuestro Sol. Aquí hemos hablado de lo peligroso que es tener otras estrellas en las inmediaciones de nuestro sistema, sobre todo porque algunas de ellas son mucho más inestables y grandes que la nuestra. Sus visitas, además, pueden ser tremendamente peligrosas como elemento desestabilizador de nuestro sistema. Con todo, la posibilidad de supervivencia y el grado de destrucción depende críticamente del parámetro distancia. Así, una explosión de supernova podría ser un hermoso espectáculo en el cielo para disfrutar unos meses y contar después a nuestros nietos, o también podría suponer un cataclismo definitivo que barriera la superficie y eliminara toda la atmósfera. Entre un extremo y otro tenemos una variedad inmensa de apocalipsis que podría simplemente generar algunas extinciones masivas de diverso alcance.

Quizá alguien se estará preguntando si nuestra galaxia no alberga algunos peligros más poderosos que la explosión de una gran estrella. Lo cierto es que sí, como por ejemplo los cadáveres estelares que denominamos agujeros negros. Sin embargo, para comprenderlos correctamente debemos cambiar nuestro enfoque y empezar a considerar los riesgos de la galaxia en su conjunto.

CAPÍTULO 7
UNA GALAXIA VIOLENTA

Si repasamos rápidamente los anteriores capítulos, podemos ver que hay una doble tendencia clara. Por un lado, según nos alejamos del entorno de nuestro planeta, los eventos a los que nos enfrentamos se van volviendo cada vez más violentos e intensos. Por otro, las distancias crecen de tal manera que las probabilidades asociadas a que dichos riesgos nos alcancen, paradójicamente, disminuyen. Así, es mucho más probable y destructiva la colisión con un asteroide que la explosión de una supernova cercana y, mucho más que cualquiera de ellas, la desestabilización accidental de una débil atmósfera en precario equilibrio. Todo ello responde a la máxima de que vivimos en un universo esencialmente vacío. Olvidemos todos los sueños de surcar las enormes distancias interestelares y de saltar de sistema en sistema, como si nos encontráramos inmersos en una película de Star Wars. Mucho menos podemos imaginar pasar de unas galaxias a otras, que Kant tan acertadamente describió como universos-isla. Para sostener sus maravillosos relatos y novelas de ciencia ficción, la grandísima Ursula K. LeGuin tuvo que recurrir al ansible, un invento que viola todas las leyes conocidas de la física y permite la comunicación instantánea entre dos puntos. Por desgracia, este invento debe quedarse allá donde se creó[46] y, al menos por el momento, nosotros tendremos que conformarnos con un universo lento y aburrido donde las noticias viajan perezosamente en forma de luz, partículas y ondas gravitacionales.

Si bien las distancias pueden ser inabarcablemente grandes, no es menos cierto que la acción continuada de una fuerza de largo alcance puede extenderse por todo el espacio circundante. Y la fuerza de mayor alcance que conocemos es la fuerza de la gravedad. Esta fuerza moldea las estructuras que vemos en nuestro universo local, repartiendo y desplazando a los astros en diferentes lugares en función de sus intereses. La mejor expresión de esta acción la tenemos en las estructuras que denominamos galaxias.

Realmente, la definición de galaxia es engañosa. Como todos sabemos, se trata de una agrupación de estrellas y material interestelar a la que, en tiempos relativamente recientes hemos añadido la necesaria materia oscura, que otorga al conjunto la estabilidad y velocidad observadas. Sin embargo, no existe una cantidad predefinida de ninguno de estos componentes que nos otorgue el rango de galaxia frente a lo que se llama a veces un cúmulo estelar. Ni el número ni la masa total son determinantes, y de esta forma podemos observar galaxias descomunales, tales como la nuestra o aún mayores, y otras increíblemente pequeñas, que a menudo funcionan como satélites de las anteriores. ¿Qué es lo que da entonces el rango de galaxia a un conjunto de elementos? Esencialmente podríamos definirlo como la cohesión

---

[46] Ese lugar es la luna Anarres del planeta Urras, a la que fueron desterrados los participantes de una civilización anarquista que luchan por sobrevivir junto con sus ideales. Entre ellos, el físico Shevek que desarrolla las bases teóricas de un invento que revolucionará la galaxia y eliminará muchos problemas narrativos a su creadora. *Los desposeídos,* Ursula K. Leguin (1974).

entre todos ellos. El hecho de que la gravedad local domine sobre las fuerzas gravitatorias generadas por otras agrupaciones, o grumos, del universo.

Estudiar las galaxias es muy complicado si lo comparamos, por ejemplo, con estudiar las estrellas. Mientras que podemos ver el Sol desde muy cerca pero desde fuera, estudiar nuestra propia galaxia es algo así como hacer un mapa del bosque en el que vivimos sin poder movernos de un árbol. Por contra, sí podemos estudiar las galaxias que nos rodean. Sin embargo, solo las más cercanas y grandes se exponen lo suficiente como para poder analizar sus detalles, algo que continuamente intentamos mejorar inventando telescopios más grandes e instrumentos más precisos. Para terminar de complicar el asunto, la luz tiene una velocidad enorme pero finita. Dado que las distancias que nos separan de las galaxias más cercanas se miden en millones de años-luz[47], en cuanto luchamos por observar las galaxias más lejanas estamos también analizando galaxias más antiguas. Es decir, que la distancia y el tiempo no pueden ser desligados en nuestro estudio de lo que sucede en el universo a gran escala. Esto nos obliga a adoptar una serie de hipótesis sobre la homogeneidad de las propiedades físicas que no siempre puede ser convenientemente comprobada y que, por lo menos, requiere de un análisis calmado.

El ser humano, sin embargo, es un solucionador de problemas de lo más recalcitrante. Hemos ideado técnicas estadísticas que nos permiten inferir propiedades generales a partir de muestras limitadas. Y al mismo tiempo, hemos buscado y encontrado formas de aumentar esa base observacional utilizando métodos complejos e ingeniosos. En el momento de escribir

---

[47] Es decir, que la luz tarda millones de años en viajar de unas galaxias cercanas a otras.

estas líneas, disfrutamos de la increíble misión Gaia, de la Agencia Espacial Europea, que, en su denodado esfuerzo por caracterizar las propiedades básicas y movimiento de tal vez el 1% de las estrellas de la Vía Láctea, nos está proporcionando un marco inigualable para entender la cinemática interna de la galaxia, es decir, quién es quién en la lucha de poder gravitatoria que en su interior está teniendo lugar.

Con todo, veremos que lo que sucede en nuestro vecindario no es absolutamente independiente del resto. Las galaxias más cercanas pueden ser determinantes y, en última instancia, incluso los objetos más lejanos pudieron influir en nuestra situación actual o futura cuando el universo era mucho más joven y compacto. Todos estos factores tienen, por supuesto, una influencia en nuestras posibilidades de supervivencia

Agujeros negros por todas partes

El concepto ha aparecido anteriormente en este libro. Una idea evocadora que normalmente atrae una enorme atención del respetable[48], pero que en términos astrofísicos hace referencia a un tipo de objeto bastante común y cuyo origen conocemos a grandes rasgos, a pesar de constituir una singularidad en términos de la teoría física de la relatividad general. Los agujeros negros son, sin ninguna duda, los *influencers* de la astronomía y han atraído con su gravedad a una cantidad ingente de seguidores.

Recapitulemos: una estrella dejaba de serlo en el momento en que finalizaban todas las reacciones termonucleares de fusión

---

[48] No hay charla que se precie sobre astronomía o espacio que no incluya alguna pregunta sobre el tema. Suelen ser delirantes pero este autor también las ha presenciado bien interesantes.

como fuente de energía. Es posible que a algunas de ellas sigamos llamándolas estrellas por razones de comodidad, como las estrellas de neutrones o las enanas blancas, pero todo lo que sucede pasado ese punto no debería en realidad recibir ese nombre.

Las estrellas más masivas, recordemos, dejaban tras de sí en una gigantesca explosión su antiguo núcleo que, a menudo toma la forma de una estrella de neutrones o un púlsar. Pero si el núcleo que queda es aún más masivo, entonces es posible que ni siquiera sea estable en esa forma y deba colapsarse todavía más bajo el enorme peso de su gravedad. El caso extremo terminaría formando lo que llamamos un agujero negro, tan enormemente masivo que ni siquiera la luz es capaz de escapar de su campo gravitatorio. El hecho de que la luz pueda sentir la fuerza de la gravedad es una de las predicciones de la teoría de la relatividad de Einstein que pudo ser comprobada con toda exactitud a través del famoso experimento de Eddington, que sirvió al mismo tiempo como una de las primeras validaciones[49] y como puerta de entrada de las teorías del alemán al mundo anglosajón.

Contrariamente a lo que el conocimiento popular asume, lo importante para tener un agujero negro no es tanto la masa como la densidad[50]. Por ejemplo, si fuéramos capaces de comprimir nuestro planeta por debajo de los 10 mm de radio tendríamos un agujero negro. Para el Sol, tendríamos que jibarizarlo

---

[49] Preguntado Einstein por lo que habría pasado de no haber sido validada su teoría por los datos, dicen que respondió: "Lo habría sentido por ellos porque la teoría es correcta". Una buena anécdota del enfoque teórico frente al experimental en la ciencia.

[50] Cuidado, porque con suficiente masa la densidad requerida también disminuye. Puede incluso ser menor que la del agua para el caso de los mayores agujeros negros.

hasta los 3 km. El problema estriba en los procesos capaces de comprimir tanto los objetos, por lo que los agujeros negros supermasivos que conocemos, en cambio, tienen radios mayores que los de nuestra estrella y que pueden alcanzar en algunos casos el radio de la órbita terrestre.

Esta historia sobre el origen de los agujeros negros estelares parece aproximadamente correcta, pero no describe todos los agujeros negros que alcanzamos a observar. Una parte de ellos parece tener masas de varias veces la del Sol y encajan perfectamente. Otros, en cambio, son mucho mayores y pueden tener masas de millones de veces la de nuestra estrella. Estos agujeros negros supermasivos son frecuentemente encontrados en el corazón de las galaxias y su origen permanece aún por esclarecer. Podrían ser el producto de la evolución de estrellas o de otros objetos que ya no existen, quizá cúmulos de estrellas, y que han terminado colapsando y, probablemente, se han ido fusionando con otros similares, creciendo hasta los que conocemos a día de hoy. Alternativamente, se ha propuesto que podrían corresponder a antiguos desgarrones del espacio-tiempo, agujeros negros primordiales formados cuando el universo era mucho más joven y denso. Sea como fuere, ambos tipos de agujeros negros, estelares y supermasivos, están ahí y son una evidencia astrofísica.

De hecho, los agujeros negros se encuentran prácticamente allá donde miremos. Parece haberlos en abundancia a lo largo del plano de nuestra galaxia y habitan también el corazón de las galaxias, al menos de aquellas que podemos observar con suficiente detalle. Lo bueno de estos astros es que bastan unas pocas magnitudes físicas para delimitar su comportamiento de puertas para fuera. La más importante de todas ellas será la masa del agujero negro, aunque no son menos relevantes la velocidad de rotación o la carga, por ejemplo. Por lo que a este libro respecta, un agujero negro no es mucho más que una concentración de masa; al menos las singularidades son lo suficientemente pudorosas como para tapar sus vergüenzas de cara a los observadores externos[51].

Resulta fundamental comprender que los agujeros negros son precisamente eso, concentraciones de materia que, vistas desde la suficiente distancia, siguen las mismas reglas de la física que otros cuerpos más pequeños como las estrellas o los planetas. El velo de misterio que los rodea se ha visto en parte levantado ante las recientes publicaciones de imágenes que nos muestran, precisamente, la zona más misteriosa de dos agujeros negros. Hablamos, por supuesto, de la imagen del agujero negro central de la galaxia M87 y del que se encuentra en el centro de nuestra propia galaxia, la fuente de radio Sagitario A*. La colaboración internacional propiciada por el Telescopio Horizonte de Sucesos nos ha permitido la proeza de ver literalmente, hasta el límite de lo visible.

Aunque la detección de los agujeros negros estelares es complicada, estimamos que puede haber entre mil y diez mil millones de ellos conviviendo con el resto de estrellas normales en nuestra galaxia. La forma más sencilla de detectarlos es cuando forman parte de un sistema binario, dado que el comportamiento anómalo de la compañera termina revelando su posición. En el caso de los agujeros negros solitarios, en cambio, solo podemos verlos gracias a la curiosa distorsión de la luz que ya hemos mencionado, el efecto de lente gravitacional. Así, la luz de las estrellas de fondo se ve desviada y resulta en un efecto visual gracias al cual podemos identificar la posición y la masa del responsable. De esta forma, si bien a buen seguro

---

[51] Al menos de aquellos que usamos fundamentalmente la radiación electromagnética para indagar sobre el universo.

no conocemos todos y cada uno de los agujeros negros que nos acompañan en nuestro viaje por la galaxia, sí que podemos hacer una estimación razonable sobre su número y frecuencia.

Gracias, una vez más, a la misión Gaia, nuestra perspectiva sobre los agujeros negros más cercanos a la Tierra ha cambiado en los últimos años. En 2023 se publicó el descubrimiento de tres agujeros negros que rompieron sucesivamente todos los récords de menor distancia a nuestro sistema planetario. Gaia BH-1 y Gaia BH-2 se sitúan a 1.500 y 3.800 años-luz de nuestro planeta. Sin embargo, las simulaciones numéricas demostraron poco después que es muy probable que el cúmulo de las Híades, un cúmulo abierto en la constelación de Tauro visible a simple vista, debe contener dos o tres agujeros negros en su interior. Y se encuentra a "solo" 150 años-luz de nosotros. Todo

La misión Gaia ha multiplicado nuestra capacidad de detectar agujeros negros "durmientes", que no presentan las emisiones en rayos X de otros congéneres. Sus capacidades cartográficas nos permiten identificarlos gracias al efecto que producen en su entorno. Esta imagen muestra los dos primeros agujeros negros identificados por la misión, ambos en nuestro vecindario galáctico. (© ESA/Gaia/DPAC)

esto implica un escenario donde los agujeros negros son más frecuentes quizá de lo que esperábamos pero también que nuestra capacidad de detectarlos ha mejorado sustancialmente. Sin embargo, de momento no debemos preocuparnos más por un encuentro fortuito con un agujero negro que con el de una estrella que siga una órbita peculiar. Todas las ideas desarrolladas en el capítulo anterior, al respecto de encuentros casuales con estrellas, son aplicables en este punto. Todos los agujeros negros cerca de nosotros poseen masas estelares y se mueven de forma muy similar a las estrellas del entorno galáctico. Al igual que con ellas, debemos conocer sus órbitas para predecir posibles pasos cercanos que puedan perturbar la estabilidad orbital del Sistema Solar. Desterrada de nuestra mente la imagen de estas singularidades como auténticas aspiradoras cósmicas, una vez hemos asumido que su efecto está dominado principalmente por la masa que posee, vemos que en realidad resulta bastante improbable que un agujero negro destroce nuestro querido planeta.

Eso sí, en caso de colisión, o incluso de paso cercano a nuestro planeta, podríamos hablar sin ningún género de dudas de una destrucción completa. No sería en este caso el típico proceso indirecto que hemos discutido en otros casos sino que, incluso aunque no fuéramos atrapados por su pozo de potencial gravitatorio, simplemente la pérdida de nuestra órbita actual nos haría descartar toda posibilidad de sobrevivir a tan oscuro encuentro.

El chicle de Fermi

En el año 2010, el telescopio espacial de rayos gamma Fermi hizo un descubrimiento asombroso. Puso de manifiesto la existencia de dos enormes estructuras alrededor del centro de nuestra galaxia que cubrían prácticamente la mitad del cielo visible. Las llamadas "burbujas de Fermi" se asemejan a los globos de chicle que a veces hacíamos cuando éramos críos y cubren un volumen descabelladamente grande. ¿Por qué entonces no podemos verlas tapando las estrellas? Sencillamente porque estas burbujas estarían compuestas de un gas tremendamente poco denso y muy, muy caliente, que solemos llamar gas coronal[52]. Y hace falta un detector de radiación de muy alta energía para localizar estas burbujas, si bien en la última década se han ideado otros métodos, por ejemplo, utilizando la luz que viene de galaxias muy lejanas.

Pretender que comprendemos el origen de esta enorme estructura sería un atrevimiento. Se han propuesto diversas teorías para explicar su existencia y su estructura actual, pero una de las más plausibles las vincula a etapas pasadas de actividad en el agujero negro central de la galaxia. Parece razonable, dado que es similar a lo que podemos adivinar en otras galaxias más lejanas, que muestran una intensa actividad. Los agujeros negros supermasivos no solo tragan, sino que también generan, paradójicamente, una gran cantidad de radiación. Esto es debido al material acumulado a su alrededor, a los intensos campos magnéticos que se suelen generar en ese entorno y a las enormes aceleraciones que propagan las partículas a velocidades relativistas, creando grandes fuentes de rayos X. Tal vez, en una etapa pasada y más activa de la Vía Láctea, un arranque de actividad terminó generando nuestras misteriosas burbujas. Una vez detenido el arranque violento de nuestra galaxia, el material

---

[51] El nombre hace referencia, claro, a la corona solar. Alrededor de nuestra estrella también encontramos material similar, muy enrarecido pero con elevadas temperaturas.

Representación artística de las burbujas de Fermi y de las llamadas "chimeneas", probablemente vinculadas a la actividad del agujero negro supermasivo del centro de nuestra galaxia. Las burbujas fueron descubiertas por el telescopio espacial de rayos gamma Fermi, de NASA, mientras que la europea XMM-Newton identificó el origen de esa energía más recientemente. (© ESA/XMM-Newton/G. Ponti *et al.* 2019; ESA/Gaia/DPAC, mapa de la Vía Láctea)

quedó acumulado formando esta gran estructura. Este es solo uno de los mecanismos sugeridos para su formación pero, sea como fuere, el hecho es que ahí se encuentran.

Las burbujas de Fermi son a su vez una intensa fuente de radiación gamma y rayos cósmicos. Los rayos cósmicos, como ya explicamos en capítulos anteriores al hablar del Sol, son esencialmente partículas cargadas que viajan a gran velocidad, fundamentalmente núcleos atómicos o protones. Estas partículas ostentan el récord de energía en una partícula individual y se asemejan en muchos sentidos a las radiaciones electromagnéticas más poderosas. Aproximadamente la mitad de los rayos cósmicos que nos golpean proceden del Sol y, el resto, de la propia galaxia.

En principio, los rayos cósmicos no deberían preocuparnos demasiado. Una buena parte de ellos son desviados o atrapados por nuestra maravillosa magnetosfera, que ejerce de escudo. Siguen llegando en pequeña proporción hasta la superficie y solo son preocupantes en el caso de que uno sea un astronauta o pase buena parte del tiempo a elevadas altitudes, como pilotos o personal de cabina en los aviones. La energía de estas partículas es la adecuada para que alteren la estructura de moléculas complejas, como puede ser el ADN, por lo que se piensa que pueden ser el origen de cierto número de mutaciones que se producen en los seres vivos.

Lo que resulta aún más llamativo es que los rayos cósmicos podrían ser los responsables de la homoquiralidad de las moléculas biológicas. Un momento, ¿homo-qué? Detengámonos un momento en nuestros viejos apuntes de biología. Muchas de las moléculas orgánicas son quirales. Esto simplemente significa que las podemos encontrar en dos versiones casi exactamente idénticas. Misma composición, mismas propiedades, misma distribución... Pero, y esta no es una diferencia menor, una de las formas es la imagen especular de la otra. Es decir, que no podrías transformar la primera molécula en su segunda versión a base de girarla o reorientarla. Realmente tendrías que desmontarla y rehacerla de nuevo, colocando los átomos en su lugar especular correcto. En principio, uno podría reconstruir las moléculas orgánicas con su reflejo, creando un "mundo del revés" donde las utilizamos con la quiralidad inversa[53]. También podríamos mezclar unas con otras. Sin embargo, los seres vivos tienen una misteriosa tendencia a agruparse en una de las dos

---

[53] A veces se habla de la quiralidad "live" (vida) y la "evil" (mal) que es la misma palabra escrita del revés.

formas quirales, produciendo una realidad en la que las moléculas orgánicas que se encuentran en los seres vivos se encuentran todas en el mismo lado del espejo. Sorprendente, ¿no? ¿Por qué sucede esto? Se han propuesto diversos modelos y teorías para explicarlo, pero uno de los más sugerentes desde el punto de vista de este libro se basa, precisamente, en el efecto de los rayos cósmicos. Estos rayos cósmicos producen radiación que llamamos polarizada, es decir, ordenada en una determinada dirección. La interacción de los rayos cósmicos podría favorecer una de las orientaciones de las moléculas orgánicas y, a lo largo de escalas de tiempo enormes, del orden de las escalas evolutivas, podría conseguir un desequilibrio casi total en favor de una de las quiralidades. Tal y como se observa. Sirva este ejemplo del enorme poder que puede tener incluso la relativamente pequeña cantidad de rayos cósmicos que nos llega hasta la superficie del planeta.

En un plano un poco más prosaico, los rayos cósmicos se suelen reconocer como una de las fuentes más habituales de mutaciones. Los seres vivos funcionamos a base de generar copias: de nuestras células, de nuestros tejidos y, en última instancia, de nosotros mismos. Sin embargo, este sistema de copias es defectuoso. Las copias nunca son perfectas. Y esto puede ser bueno o malo, según se mire. La mayor parte de los errores de copiado son completamente indiferentes. Sin embargo, algunos de estos errores, normalmente acumulados, terminarán generando alteraciones significativas en los organismos que pueden ser trágicas, porque hagan inviable al organismo, o beneficiosas, porque creen una adaptación seleccionable por el imparable mecanismo de la evolución. Ahí están los rayos cósmicos para contribuir a la causa para generar la cantidad de mutaciones en el acervo genético de las especies que ha permitido en última instancia que el *Homo sapiens sapiens* pierda el tiempo reflexionando sobre los posibles finales de su existencia. Un aumento o disminución de las tasas de mutación tendría grandes efectos sobre la vida a largo plazo, aunque resulta difícil o imposible predecir si esta variación sería positiva o negativa.

Otra forma en la que nos afectan los rayos cósmicos tiene relación con los procesos químicos que operan en la alta atmósfera, donde la mayor parte de ellos se entretienen y son destruidos interactuando con las moléculas que allí se encuentran. Una tasa suficientemente elevada de rayos cósmicos podría alterar la química atmosférica, generando una serie de desequilibrios que se podrían propagar hacia abajo si afectan en suficiente medida a la concentración de iones. Y esto, ¿a qué nos llevaría? Vaya, llevábamos tiempo sin comentarlo, pero sin duda, conduciría a un cambio climático.

Recapitulando, el potencial destructivo de las burbujas de Fermi es enorme. Pero es un poder que va a operar, muy probablemente, en escalas de tiempo muy grandes para que las perturbaciones en esta descomunal estructura se propaguen a lo largo de nuestra galaxia. En principio, no parece que el propio planeta corra algún peligro ante ellas, pero sí la vida. Así, podríamos hablar de destrucción de clado, dado que algunos de los organismos terrestres podrían ser más sensibles a las mutaciones. Si esto generara un efecto desequilibrador suficiente, podría terminar por poner en riesgo a la biosfera en su conjunto, que, como ya hemos comentado profusamente, se basa en un delicado equilibrio entre sus partes. Vigilemos pues las burbujas de Fermi para correr a protegernos bajo la superficie si llega a ser necesario.

Cuando pelean los gigantes

Vivimos en un pequeño grano de polvo que orbita precariamente alrededor de una estrella que, a pesar de ser del tipo llamado enana, es más de 100 veces mayor que la Tierra. Y aun así, esta es solo una pequeña chispa en la hoguera de nuestra galaxia. Unos cien mil millones de soles, cada uno de ellos potencialmente acompañado por su cohorte de planetas, se articulan en lo que comúnmente llamamos la Vía Láctea. A su vez, la nuestra es solo una más entre los centenares de miles de millones de galaxias que podrían encontrarse en el universo. Mareante, ¿no es cierto?

Después de recuperar el aliento ante este golpe de perspectiva, uno puede pensar que las gigantescas fuerzas que moldean las galaxias deben de ser un enemigo formidable para nuestra supervivencia. Y, en parte, es así.

Debemos recurrir una vez más a la ingente cantidad de nueva información que estamos recopilando en los últimos años gracias a la misión Gaia de la ESA. Entre otras muchas cosas, Gaia está documentando profusamente los intercambios que la Vía Láctea experimenta con sus vecinas. Intercambios desiguales, eso sí, ya que nuestra galaxia se cuenta entre las más grandes y los satélites que nos rodean son muchas veces meras marionetas en este juego. Así, sabemos que numerosas galaxias enanas han sido literalmente engullidas a lo largo de la historia del universo. Si en capítulos anteriores hablábamos de agua extraterrestre, ahora deberíamos hablar de estrellas extragalácticas.

Cuando dos galaxias colisionan, no debemos imaginar un choque de trenes, con las estrellas golpeándose violentamente como en un billar cósmico. Se parecería más bien al juego de anillos de los magos, en el que los anillos se entrecruzan misteriosamente como si no tuvieran consistencia. Las distancias entre estrellas son tan enormes, la densidad de las galaxias tan baja, que realmente no podrían llegar a encontrarse frente a frente. Sin embargo, en toda esta historia hemos dejado de lado un elemento fundamental que juega un papel central: la fuerza de la gravedad y su capacidad de actuar a distancia[54].

Cuando dos galaxias se aproximan la una a la otra, con sus miles de millones de estrellas, con sus enormes bolsas de polvo y gas, y con la misteriosa y elusiva materia oscura, el tirón gravitacional se siente a millones de años-luz de distancia. Mucho antes de que dos estrellas puedan colisionar en el sentido usual del término, sus movimientos se verán sutilmente afectados por la proximidad de su vecina. Así, a lo largo de períodos de tiempo de escala cosmológica, la presencia cercana de una de las galaxias va moldeando a la otra, y viceversa. Obviamente, estos encuentros no están siempre equilibrados y la más grande tendrá un efecto mayor sobre la más pequeña.

Dada la gigantesca diferencia entre las escalas de tiempo humana y cosmológica, podemos considerarnos como seres que viven sobre un único fotograma de la historia cósmica. Mientras el universo permanece aparentemente congelado, solo los fenómenos más rápidos, como la propia vida humana, se desarrollan a una velocidad detectable. Esto tiene la ventaja de que solo tenemos que mirar en el cielo para encontrar ejemplos de estas colisiones cósmicas. Dos de los ejemplos más famosos, por brillantes y cercanos, son el par de galaxias que conforma la galaxia del Remolino (Messier 51 y su compañera NGC 5194) o el de la galaxia de Bode y la del Cigarro (Messier 81 y 82, res-

---

[54] Ay, la acción a distancia, una de las grandes dificultades metafísicas de, bueno, toda la física clásica. Dejémosla de lado de momento y aceptemos la descripción de la gravedad que hizo Newton.

pectivamente). En ambos casos, vemos galaxias distorsionadas por el continuo tirón gravitacional que su compañera ejerce. Las más grandes pueden preservar su estructura (por ejemplo, espiral en el caso de M51 o M81) pero al mismo tiempo están experimentando intensos cambios que podemos vislumbrar en la tasa de formación estelar desbocada que muestran[55].

La cuestión que ahora nos interesa es qué nivel de riesgo supone para nosotros la colisión con galaxias vecinas. Un simple vistazo a nuestro alrededor nos muestra algunas candidatas. Las Nubes de Magallanes, por ejemplo, son un buen ejemplo de galaxias enanas satélite que están condenadas a muerte por su ligazón gravitacional con la Vía Láctea. Aunque las Nubes de Magallanes ejercen una influencia sobre nosotros, podemos descartarla como peligrosa, o considerarla a lo sumo parte del conjunto de fuerzas que compiten por moldear nuestra estructura.

Desplazando nuestro foco unos cuantos millones de años-luz más lejos, nos encontramos con la gigantesca galaxia de Andrómeda. Recordemos que si nuestros ojos tuvieran una respuesta lineal a la luz y fueran más sensibles, podríamos verla cada noche desde las latitudes intermedias del hemisferio norte ocupando una superficie equivalente a varias lunas llenas. Es grande, es relativamente cercana y se aproxima a nosotros a una velocidad descomunal. Suerte que la colisión, como tal, no comenzará hasta dentro de unos 6.000 millones de años[56], que es lo que

---

[55] Esta elevada actividad de formación estelar se evidencia de diversas formas, pero quizá la más llamativa es la detección de, paradójicamente, más muertes estelares: las estrellas más masivas viven su acelerada y brillante vida en un corto parpadeo de unos pocos millones de años, mientras las estrellas frías y pequeñas aún ni se han conseguido formar.

[56] Es decir, aproximadamente la mitad del tiempo que ya ha existido nuestro universo.

La llamada galaxia de las Antenas es uno de los ejemplos más espectaculares de colisión galáctica visibles en nuestro cielo. Estas observaciones visibles e infrarrojas del Telescopio Espacial Hubble muestran no solo la deformación de ambos objetos debido al tirón gravitacional mutuo, sino también la formación estelar disparada por esa misma interacción. (© ESA/Hubble & NASA)

tardaremos en recorrer la distancia que nos separa. En ese tiempo, sin embargo, algunas órbitas estelares se verán modificadas, tal vez incluso arrastradas al espacio intergaláctico. ¿Correríamos algún riesgo en ese caso? En estas escalas de tamaño, lo más probable que nos viéramos arrastrados por el río cósmico en otra dirección, pero los planetas seguirían orbitando sus estrellas. La frecuencia de objetos errantes, eso sí, podría

llegar a verse alterada favoreciendo las colisiones y pasos cercanos de otras estrellas y objetos más exóticos y pesados, como
los agujeros negros. Así, la influencia de este evento sería indi-
recta, principalmente modificando las condiciones que nos rodean y las tasas de ocurrencia de otros cataclismos.

Tal vez el factor más peligroso al que deberíamos enfrentarnos sería la variación del entorno, la más que probable exposición a la radiación cósmica y las explosiones de cercanas
supernovas, una vez que el proceso de nacimiento y muerte estelar se haya acelerado ante la cercanía de los dos gigantes. Sin
embargo, recordemos la enorme diferencia de escalas de tiempo
entre las interacciones galácticas y las biológicas, o incluso las
geológicas. Lo más probable es que un planeta habitable alrededor de su estrella permaneciera apaciblemente girando y evo-
lucionando como si nada pasara entre los dos fotogramas de la
historia cósmica en la que se encuentra.

De hecho, si pensamos en el intervalo de tiempo que aún
nos queda para enfrentarnos a la galaxia de Andrómeda, podemos constatar que muchos de los riesgos que hemos mencionado
en las páginas de este libro, ya habrán tenido necesariamente que
desencadenarse. Y no me refiero solo a la probabilidad acumu-
lada de impactos de gran tamaño, ni al destino inexorable del
efecto invernadero, sino a la propia mortalidad del Sol que, una
vez agotado su combustible, terminará sus días estelares mucho
antes de que podamos sufrir la colisión galáctica.

En esta circunstancia, aunque el flujo cósmico de las colisiones galácticas moldea el entorno en el que nuestro sistema se
formó, posibilitando la existencia de una zona de habitabilidad
galáctica, llegados a este punto, no merece la pena sufrir por esos
riesgos, lo que no deja de ser una novedad en estas páginas.

El verde bronceado de Bruce Banner

Descartemos entonces los eventos astronómicos que operan en escalas de tiempo demasiado largas, por energéticos que sean, y centrémonos más bien en aquellos que son muy rápidos, porque son estos los que pueden interferir en nuestra existencia. Para nuestra desgracia, hay unos cuantos de este tipo que debemos tener en cuenta, y ninguno de ellos lo conocemos lo suficientemente bien. Todos ellos serían imposibles de evitar y solo nos queda el consuelo de que son francamente improbables en el término de nuestra existencia como especie.

En el universo de la mitología Marvel, el personaje de Bruce Banner es uno de los más poderosos. Es por un lado un científico, apocado y reservado, y por otro un gigantesco monstruo verde de impulsos irrefrenables. Vaya, un Dr. Jekyll y Mr. Hyde de manual. Esta personalidad tan voluble se la debe a una exposición incontrolada a los rayos gamma. Esta radiación es la más energética que podemos encontrar y tiene el potencial de destruir la propia estructura de nuestras moléculas. De alguna manera, los guionistas de Marvel decidieron que era una excelente forma de reconfigurar el ADN del doctor Banner y transformarlo en el famoso Hulk. Aunque el trato frecuente con ciertos colegas lleva a uno a desear una larga e incontrolada exposición a los rayos gamma para al menos tener una excusa con la que dar rienda suelta a nuestros instintos más violentos, la verdad es que este proceso es, de cualquier de las formas concebibles, imposible.

Descartado el sometimiento voluntario al exceso de radiación, aún nos queda explorar la posibilidad de que este baño de fotones hiper energéticos nos venga impuesto desde fuera. Existen diversos fenómenos de menor escala pero, dado que nos acercamos a la salida, hagámoslo por la puerta grande. De entre todos los eventos astronómicos que nos podrían dar quebraderos de cabeza a este respecto, quedémonos con los mayores: los estallidos de rayos gamma o GRB por sus siglas en inglés. Los GRBs se suelen presentar como los eventos más energéticos desde el Big Bang. Pueden emitir una cantidad de energía equivalente a la generada por el Sol desde su nacimiento pero en un intervalo de tiempo de unos pocos segundos y lo hacen en forma de fotones de alta energía, o rayos gamma. Esta energía, emitida en todas direcciones, sería gigantesca, pero aún lo es más porque se concentra (o técnicamente, colima) en un estrecho haz de radiación de unos pocos grados de apertura. Cualquier objeto que se encuentre alineado con esa dirección está en severo peligro de muerte. Esta descripción debería recordar al lector la que anteriormente vimos para los púlsares o incluso a los agujeros negros y es que, en cierto sentido, ambos haces de radiación comparten algunas características similares.

En el capítulo de buenas noticias podemos situar que los GRBs se encuentran hasta la fecha en lejanas galaxias, la más cercana de las cuales está a algo más de 100 millones de años-luz de nosotros. Las hipótesis sobre el origen de estos objetos se articulan en torno al colapso de estrellas súper masivas para formar estrellas de neutrones o agujeros negros, lo que significa que también podrían ocurrir en el entorno de nuestra galaxia. De hecho, observamos aproximadamente uno cada 24 horas, lo que nos sirve para hacer algunas estimaciones sobre su posible frecuencia en nuestro entorno. Quizá un GRB para millón de años, tal vez algo menos; pero en todo caso serán difíciles de detectar precisamente por la colimación de la energía emitida, que nos obliga a situarnos a lo largo de una dirección muy concreta, aquella en la que se concentra la radiación.

Si un GRB explota cerca de nosotros, pongamos a menos de 10.000 años-luz de distancia, ¿qué sucedería? Lo cierto es que, aparentemente, no gran cosa a nivel de superficie. Aumentaría la exposición a la radiación durante un período de tiempo, pero el riesgo no vendría directamente de la capacidad de aniquilación de esa radiación si no, tal y como ya expusimos anteriormente, por los efectos indirectos que esta tendría en la frágil química atmosférica de los niveles altos. La transformación de algunas moléculas puede ser determinante para la integridad del escudo protector de la Tierra, poniendo en peligro a todas las formas de vida no directamente, sino a través de la destrucción del parapeto que tan eficientemente nos defiende. El caso más obvio y mejor conocido es el de la capa de ozono, que podría quedar parcialmente destruida exponiéndonos a la radiación ultravioleta del Sol que normalmente esquivamos sin mayores problemas.

Todos estos cambios atmosféricos terminarían derivando en un cambio climático del tipo invierno nuclear, rompiendo la cadena trófica y desencadenando una catastrófica serie de acontecimientos que pondría en peligro la inmensa mayoría de las formas de vida que existen, pero no necesariamente a todas. Así, la biosfera es probable que sobreviviera, aunque nuestra civilización quedaría probablemente condenada. Pensamos que esta predicción es bastante fiable porque precisamente una de las grandes extinciones masivas de las que está salpicado el registro fósil, la del Ordovícico tardío, encaja bastante bien con un escenario como este.

En esta gran extinción, tal vez la segunda más letal de las cinco grandes que ha conocido nuestro planeta, la afección de las especies que vivían cerca de la superficie del mar fue mucho mayor que las de las profundidades, como muestran los fósiles de algunos de los famosos trilobites que vivían en zonas más profundas. Precisamente, esta extinción encaja con el escenario de cambio climático que comentábamos. Otros eventos de extinción también serían compatibles con GRBs, aunque tampoco se pueden descartar otros fenómenos relativamente parecidos, como pueden ser las grandes erupciones solares.

Sin embargo, no hace falta irse al registro fósil para detectar los efectos de los GRBs en nuestra atmósfera, ya que en la última década hemos podido constatar su poder para afectar a nuestra ionosfera y comprometer la seguridad de la superficie. En octubre de 2022, estalló el llamado GRB 221009A, el mayor GRB jamás detectado. El origen se sitúa en una galaxia a unos 2.000 millones de años-luz de nosotros. A pesar de la distancia y el tiempo asociado a este viaje, sus energéticos fotones fueron capaces de golpear con tanta fuerza nuestra alta atmósfera sobre la India que alteró el flujo eléctrico durante unos minutos de una forma nunca antes vista. Unos años antes, en 2004, otro evento de menor escala afectó y fue detectable por numerosas mediciones del estado ionosférico, pero su tamaño y efectos fueron sensiblemente menores. Se estima que explosiones como la de GRB 221009A podrían alcanzarnos una vez cada 10.000 años, siendo más infrecuentes sucesos más energéticos como el que potencialmente pudo desencadenar la extinción del Ordovícico tardío.

Existe una clara analogía entre los fenómenos asociados a explosiones de supernovas y su zona de muerte y lo que podría suceder con los GRB. Las diferencias más grandes entre estos eventos (aparte de su origen, claro está) son básicamente dos. La primera es la energía de la radiación emitida, mucho mayor en el caso de los GRBs, lo que hace que la *zona de muerte* sea notablemente más extensa. La segunda diferencia es la colimación de la energía emitida durante el proceso: así, mientras que la supernova podría afectar más o menos por igual en todas direcciones, el GRB tendrá una dirección preferida (en realidad, dos conos estrechos) y aquellos afortunados que no se encuen-

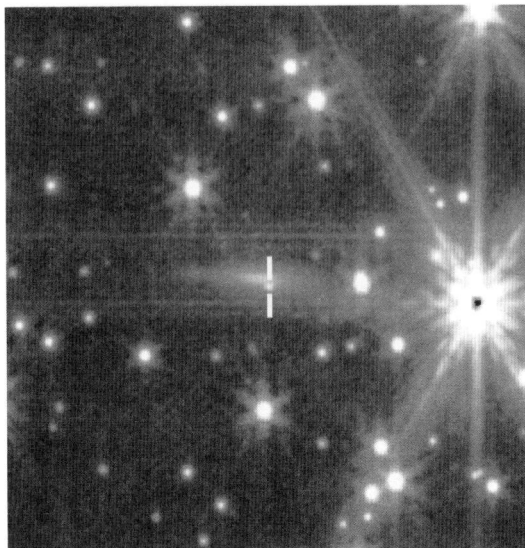

A pesar de situarse a más de 2.000 millones de años-luz de nosotros, la cámara NirCam del Telescopio Espacial James Webb fue capaz de detectar la radiación visible (o *afterglow*) emitida por el potente GRB221009A, marcado aquí con dos líneas verticales en el centro de la imagen. (© Meli thev)

tren en esa zona podrán pasar de puntillas junto al apocalipsis. No hemos considerado aquí, por ejemplo, los jets relativistas asociados a agujeros negros súper masivos, que podrían ser una versión intermedia en términos de capacidad de destrucción.

Hemos visto en este capítulo que los ritmos del universo son, en general, demasiado lentos y las distancias demasiado grandes como para suponer un riesgo para estas sencillas formas de vida que aceleradamente habitamos alrededor del Sol, con la notable excepción de los estallidos de rayos gamma. Las escalas de energía, sin embargo, son lo suficientemente grandes como para ponernos aún en peligro si las condiciones adecuadas se satisfacen, en particular ante eventos de muy alta energía que implican, sobre todo, radiación y partículas viajando a muy alta velocidad. De suceder esto, el eslabón más débil es también el más importante, y la fragilidad de nuestra atmósfera es precisamente el punto por el que más probablemente llegaría a darse el desastre.

CAPÍTULO 8
CÁNTICOS DE LA LEJANA TIERRA

Hemos recorrido un larguísimo camino por los senderos de la destrucción. Desde los peñascos que aún flotan sin destino aparente por el Sistema Solar hasta las lejanas galaxias que escupen chorros de radiación electromagnética, hemos ido viendo que los riesgos se acumulan para nosotros. Golpeados sin piedad por los avatares cósmicos, el eslabón más débil de la cadena que nos mantiene con vida nos pone a todos en una situación comprometida. Este eslabón débil es por supuesto nuestra frágil y pequeña atmósfera, que nos protege de varias formas notables, pero que se encuentra en un delicado equilibrio inestable.

Este capítulo recibe el nombre de una de las novelas[57] más extrañas del maestro de la ciencia ficción Arthur C. Clarke, también autor del guion de la famosísima *2001, una odisea en el espacio,* que dirigió el genial Stanley Kubrick[58]. La elección no es en absoluto casual, ya que responde en buena medida al propio argumento de la historia: una humanidad diezmada por la más improbable supernova debe buscar refugio en otros mundos.

---

[57] *Cánticos de la lejana Tierra,* Arthur C. Clarke (1986).

[58] Uno de esos raros ejemplos en los que la novela se publicó después del estreno cinematográfico, aunque novela y guion se fueron desarrollando en paralelo pese a ciertas divergencias entre ellos.

Además, la novela está dotada de un tono humano inusual en Clarke, se dice que movido por las frecuentes críticas que recibía con respecto a la frialdad técnica que mostraban el resto de sus creaciones. Desearía también que parte de este tono más humano se traslade a este capítulo, ya que, si bien el contenido de las páginas anteriores escapa en general a nuestro control, somos las personas las que tendremos que decidir qué hacer con nuestro futuro, si es que aún contamos con posibilidades, llegado el caso. Hasta donde nosotros sabemos, la Tierra es un lugar único en el universo. Sin embargo, cuando decimos universo nos referimos en realidad al entorno galáctico más inmediato, que es lo único que hemos podido explorar en detalle. Y aún este entorno permanece enormemente inexplorado, hasta el punto de que realmente no seríamos capaces de ver un gemelo de nuestro planeta ni aunque nos lo plantaran delante de nuestras narices cósmicas. Esto se debe principalmente a las dificultades técnicas que recientemente hemos empezado a comprender y, poco a poco, a resolver penosamente.

En las últimas décadas se han desarrollado dos visiones contrapuestas sobre nuestra posición en el universo. Por un lado, tendríamos el optimismo saganiano, plasmado tanto en sus obras de divulgación (como el archiconocido *Cosmos*) como en sus novelas (pongamos como ejemplo *Contacto*). Así, según la visión de Carl Sagan, la vida debe ser un fenómeno ubicuo y, dada la enormidad de la galaxia, frecuente en términos globales. Sagan no se llama a engaño sobre la posibilidad de establecer contacto, dado que es consciente de la enorme extensión del universo tanto en términos del espacio como del tiempo.

Sin embargo, una vez lanzadas las famosas misiones Voyager hacia las profundidades del Sistema Solar, y ante la patente falta de resultados del programa SETI de búsqueda de vida inteligente, se fue construyendo una opinión diametralmente opuesta. Esta visión cristalizó en el libro *Rare Earth,* de Ward y Brownlee, lo que hoy en día llamamos la *hipótesis de la Tierra Rara.* La idea es sencilla y parte de la reflexión sobre cuáles son realmente los elementos mínimos necesarios para el desarrollo de la vida compleja. Hasta la fecha, la mera presencia de agua líquida y una fuente de energía se había dado por suficiente, pero este libro ponía sobre la mesa mecanismos más elaborados que también podían tomar parte: la presencia de la Luna, la tectónica de placas, el campo magnético, y así una serie de parámetros que definen nuestro planeta tal y como lo conocemos y que podrían ser también partes ineludibles para el desarrollo de vida inteligente o al menos compleja. Algunos de estos argumentos son discutibles, pero otros son evidentes una vez se tienen en cuenta, y han aparecido ya en páginas anteriores de este libro. La concurrencia de tantos factores difíciles o casi imposibles de reunir en un mismo sitio reduciría enormemente las posibilidades de detectar vida compleja en cualquier otro lugar, incluso a pesar de las descomunales escalas que podemos manejar en la astronomía.

Ni que decir tiene que semejante idea fue recibida con alborozo por corrientes de neo-creacionistas y de quienes defienden el diseño inteligente[59]. Pero, fuera de este ámbito pseudo-científico, la idea también tuvo una buena proyección. Encajaba con una nueva visión interconectada de todos los procesos físicos, químicos, geológicos y biológicos que operan en nuestro planeta, cuyo exponente máximo sería la llamada *hipótesis Gaia*[60]. Constituía además una respuesta elegante a la llamada paradoja de

---

[59] Esto es lo que yo llamo "el argumento Iker Jiménez": si no conozco la razón de algo, entonces la explicación más probable es siempre la más peregrina. Eso sí que es un buen navajazo al franciscano Guilermo de Occam.

[60] Esta teoría o hipótesis fue planteada a finales de los años 70 por el científico James Lovelock en su libro *Gaia: una nueva visión sobre la vida en la Tierra* (1979).

Fermi, que inquiere sobre la ausencia de evidencias sobre vida extraterrestre. Tal vez nunca ha habido nadie ahí fuera. Y esto nos lleva de nuevo a un punto que visitamos en el primer capítulo. La propia falta de otras biosferas nos debe hacer pensar sobre las escasas posibilidades que ofrece el universo para la vida. Esto puede deberse o bien a la dificultad para que esta emerja, o bien para que permanezca. Esta última posibilidad es precisamente el tema de este libro: lo difícil que es seguir viviendo en una realidad que conspira continuamente para destruirnos.

En este capítulo vamos a dar una visión rápida sobre algunos puntos fundamentales a este respecto. Veremos por qué la Tierra es o puede ser tan especial, echaremos un vistazo a la creciente lista de posibilidades que nos ofrecen los últimos informes científicos de cara a una posible migración masiva y trataremos someramente la posibilidad de llevar a cabo una epopeya de semejantes dimensiones.

El futuro nos espera

Asumámoslo: nuestra destrucción está garantizada siempre que consideremos una escala de tiempo suficientemente grande. Y esto es lamentablemente cierto para todos los grados de destrucción que hemos considerado en las páginas anteriores, desde la anecdótica desaparición de una especie de primates autodenominada "sabia" hasta la completa y definitiva aniquilación del tercer planeta del sistema solar. Imaginemos por un momento que disponemos de una máquina del tiempo al más puro estilo de H. G. Wells[61], ¿qué pasaría si realizáramos dife-

---

[61] *La máquina del tiempo*, H. G. Wells (1895).

rentes saltos temporales cada vez más cortos e inmediatos? ¿Qué es lo que probablemente nos encontraríamos en cada caso? En aras de un mayor dramatismo, daré en algunos casos porcentajes numéricos que son, aun siendo muy optimistas, aproximados. Esto no sorprenderá a nadie, dado que ya he advertido en páginas anteriores sobre las inconmensurables incertidumbres involucradas; sirvan estos números simplemente para hacernos una idea de lo que cabe esperar a la luz del conocimiento actual.

Comencemos programando el salto en 5.000 millones de años. Un salto tan grande nos proyectaría al vacío en el lugar que antes ocupaba nuestro planeta. El Sol, convertido en una gigante roja, probablemente nos habrá desestabilizado de nuestra órbita original y la Tierra habrá sido devorada por nuestra estrella o bien flotaremos perdidos por el medio interplanetario. En cualquier caso, las temperaturas en el entorno de nuestra posición actual serían incompatibles no ya con la vida, sino incluso con la presencia de agua o una atmósfera. Nuestras posibilidades de supervivencia como planeta en esta ventana son las únicas que podemos calcular con absoluta precisión y se reducen a, exactamente, un 0%.

Después de un breve vistazo a la desolación más absoluta, nos preparamos para un nuevo salto. Esta vez nos dirigimos a un instante de tiempo situado 1.000 millones de años por delante del momento actual. Casi con total seguridad podemos esperar que una superficie sólida se materialice bajo nuestros pies. Aunque la Tierra se habrá enfrentado en este tiempo a diversos cataclismos de gran escala, como impactos, inestabilidades orbitales por pasos cercanos y baños de radiación cósmica, lo más probable es que el planeta como tal haya sobrevivido con, digamos, un 90% de probabilidades. No obstante, algunos de los cataclismos anteriormente citados habrán producido, al menos, una extinción masiva, con una probabilidad casi completa de afectarnos como especie.

Sin embargo, aunque fuéramos tan afortunados como para sortear todos los peligros cósmicos en el próximo eón, hay una causa endógena ineludible: la inestabilidad intrínseca a la propia atmósfera terrestre. Incluso aunque cesara la componente antropogénica del cambio climático, la abundancia natural de compuestos con elevada potencia de efecto invernadero, sumada al progresivo abrillantamiento del Sol, nos conduce con una muy elevada probabilidad (75%) a un efecto invernadero desbocado similar al del planeta Venus. Dado que sería un cambio gradual, es posible (50%) que parte de la biosfera sobreviviera, tal vez bajo la corteza terrestre, pero poco más podríamos encontrar.

Si, abrumados por un planeta tan diferente, volviéramos a nuestro dispositivo y viajáramos a solo 100 millones de años después del presente, nos encontraríamos en un lugar mucho más familiar y menos inhóspito. Seguiría habiendo, sin duda alguna, una enorme diferencia climática. No tanto por la evolución de la atmósfera como por la ya notable deriva continental que habrá alterado enormemente las corrientes marinas y el equilibrio energético del planeta. Esto habrá modificado sustancialmente la biosfera, pero probablemente (80%) no lo suficiente como para hacerla inviable. Más preocupantes serían en este caso los impactos con objetos de gran tamaño, que podrían ser ya de más de 1 km de tamaño, resultando en extinciones a nivel de clado que posiblemente incluirían a especies como la humana. Tampoco se pueden descartar eventos desestabilizadores como el paso cercano de estrellas u objetos más exóticos, pero lo más probable es que estos resultaran simplemente en una mayor tasa de impactos sobre la zona central del Sistema Solar. Por esta razón, podemos asumir que las probabilidades de supervivencia del ser humano en un plazo de 100 millones de años son prácticamente nulas.

Sigamos viajando en el tiempo, pero ¿a dónde? Las especies de mamíferos no son especialmente resistentes y parecen desaparecer del registro fósil más o menos cada millón de años. Poniendo nuestro calendario en el año un millón de nuestra era llegaremos a un momento en el que, probablemente, casi todas las especies de mamíferos serían diferentes de las actuales. Resulta imposible determinar si las particulares cualidades humanas serán capaces de enmendar esta tendencia, así que nos lo jugaremos a cara o cruz y cifraremos en un 50% las posibilidades de supervivencia de los seres humanos en este tiempo. La maquinaria cósmica no se detiene y seguirán sucediendo cataclismos de toda índole, aunque seguramente las tasas de extinción que estimamos están vinculadas también a los ritmos naturales del universo. Sin embargo, los estallidos de actividad solar, impactos de menor calibre y, tal vez, la mala fortuna de alguna gran explosión cósmica cercana o certeramente apuntada, nos obligan a considerar casi con total certeza que nuestra civilización habrá desaparecido.

Buscando, no ya un paisaje o una biosfera familiares, sino una huella cultural siquiera cercana a lo que conocemos, viajamos al año 12.000 d. C. ¿Qué encontraríamos? Siendo generosos con nuestra capacidad de adaptarnos a los cambios, es posible (50%) que fuéramos capaces de mantener una historia que, en el momento de escribir estas líneas, cuenta ya con unos 5.000 años de antigüedad. Seguramente en este tiempo haya habido algunos problemas importantes, pero tal vez hayamos sido capaces de adaptarnos o corregirlos parcialmente. Tal vez, el gran filtro de la humanidad, del que hablábamos en las primeras páginas del libro, se sitúa mucho más cercano en el tiempo.

En un tiempo suficientemente grande, la estadística se hace verdad y predecir el futuro se convierte en un juego casi matemático. Sin embargo, en escalas de tiempo pequeñas, los sucesos son muchos más impredecibles, aunque la sucesión de eventos aleatorios encadenados termine compensándose de alguna manera. Así, tal vez lo más difícil será hacer alguna predicción sobre lo que podríamos encontrarnos dentro de 1.000 años, una cifra ridículamente pequeña en términos astronómicos. Podemos tener suerte y esquivar impactos relativamente importantes (50%), podemos descartar casi por completo el riesgo de explosiones de supernova cercanas, pero seguramente tendremos eventos solares de magnitud importante. Muy probablemente, todos esos riesgos serían manejables si somos capaces de mantener una civilización tecnológica similar a la actual, sin necesidad de descubrimientos o avances rompedores.

Sin embargo, a corto plazo, el riesgo se esconde en otro lugar. Hablamos en su momento de cómo la evolución climática parece seguir dos tipos de procesos diferentes. Por un lado estarían los cambios continuos o cíclicos, operando en escalas de tiempo largas y a menudo relativamente predecibles. Por otra parte, tendríamos los llamados puntos de inflexión, o *tipping points,* en los que se producen discontinuidades rápidas e intensas en el estado del sistema climático. Sabemos que han sucedido en el pasado y que seguirán sucediendo en el futuro, incluso sin intervención humana. El cambio climático no es por tanto solo algo gradual, sino que está salpicado de saltos. Como ya hemos comentado anteriormente, existen señales de que podríamos estar acercándonos a un punto de inflexión debido a la influencia humana sobre el clima. Las evidencias son tan serias que diría que las probabilidades de supervivencia de nuestra civilización en los próximos mil años pueden ser incluso inferiores al 50%. Si somos capaces de atravesar este filtro, es posible que hayamos generado estrategias para evitar o mitigar problemas similares en el futuro, pero podemos estar en presencia de uno de los momentos críticos de la historia. ¿Seguirán existiendo seres humanos si fracasamos? Casi con total seguridad diría que sí, aunque por supuesto existe un riesgo de colapso total de la especie ¿Qué ocurrirá con el resto de la biosfera? Ya estamos presenciando unas tasas de extinción muy elevadas así que sin duda habrá cambios, tropecemos o no con este problema, pero confío en la capacidad de adaptación y la diversidad de la vida en la Tierra incluso ante cambios tan rápidos e intensos como los que estamos presenciando.

Las consideraciones temporales dependen mucho de nuestra perspectiva, pero parece obvio, tras este breve resumen, que no podemos esperar nuestra supervivencia a medio o largo plazo y que existen riesgos y problemas incluso a corto plazo. En mi opinión, las soluciones se deben armar con las herramientas disponibles a nuestro alcance, si bien es buena idea invertir en la búsqueda de nuevas estrategias que podamos incorporar a nuestra defensa. Como ya he mencionado en páginas anteriores, la herramienta más importante con la que contamos es el conocimiento, tanto el que ya tenemos como el que podemos aspirar a conseguir en un futuro cercano. Así pues, discutamos qué sabemos sobre las condiciones que hacen de la Tierra un lugar tan amable para nosotros y sobre cómo podríamos desligarlas de este lugar concreto del universo.

Un punto azul pálido

A comienzos de los años 90, nuestras sondas espaciales ya habían viajado lo suficientemente lejos por el Sistema Solar como para volver la vista atrás y ofrecernos la visión que tendríamos de nuestro pequeño y querido planeta, como si retornáramos a casa después de un largo exilio. Más allá del enorme potencial filosófico y estético que este esfuerzo escondía, subyacía una cuestión científica que nos seguimos planteando: ¿cómo se ve una Tierra desde lejos? ¿Cómo podríamos distinguir un planeta amigable, incluso habitado, si todo lo que viéramos fuera un pequeño punto brillante en una imagen?

Así, en febrero de 1990, la sonda Voyager 1, a más de 6.000 millones de kilómetros de distancia de la Tierra, más de 40 veces de la distancia promedia que nos separa del Sol, realizó la que se considera una de las mejores imágenes científicas de la historia, en la que se muestra, simplemente, *un pequeño punto azul pálido*. Eso es todo, no hay grandes flechas señalando el lugar, ni podemos esperar que todo gire en torno a ese pequeño planeta. Ahí está nuestro hogar, escondido entre la inmensidad del vacío cósmico.

Y sin embargo, ese pequeño planeta es una joya para nosotros. Posee unas condiciones que se han revelado como fundamentales para permitir nuestra existencia y la de una variedad increíble de formas de vida, de todos los tamaños y complejidades. Capaces unas de fabricar naves para viajar al espacio, y otras de alimentarse de la misma roca.

A la hora de destacar las condiciones fundamentales de nuestro planeta, hemos apuntado ya a unas cuantas. En primer lugar, posee una atmósfera. Esta atmósfera es muy fina y tenue, como una burbuja de jabón que rodea la enorme roca en la que vivimos. Con un espesor de unas pocas decenas de kilómetros, nos envuelve y proporciona los elementos gaseosos que necesitamos los seres vivos, actualmente el oxígeno en la mayor parte de los casos. También nos protege de la radiación ultravioleta gracias a la presencia de una fina capa de ozono, una molécula que se deriva del oxígeno y que es muy eficiente bloqueando una

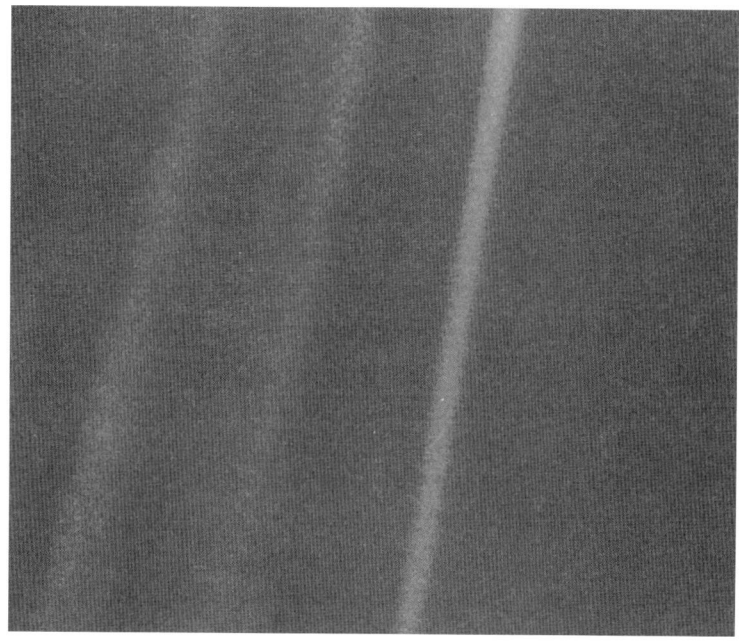

¿Puedes ver ese pálido punto en la imagen? Esa es la Tierra. Esta famosa imagen, obtenida en 1990 por la nave Voyager 1 y popularizada por Carl Sagan, fue procesada de nuevo recientemente por el astrónomo Kevin M. Gill con ayuda de los miembros originales de la misión Candy Hansen y William Kosmann. (© NASA/JPL-Caltech)

radiación potencialmente muy peligrosa. Si dejáramos todas las demás condiciones iguales, pero nuestro planeta careciera de atmósfera, hablaríamos de un planeta muy diferente y, a buen seguro, inhabitable.

La atmósfera, a través de su leve efecto invernadero, nos permite también alcanzar una temperatura en superficie que posibilita la existencia de grandes cantidades de agua líquida. Con mayor temperatura los océanos se evaporarían y con temperaturas más bajas se congelarían. Ninguno de esos escenarios parece muy compatible con la vida tal y como la conocemos.

Por supuesto, la temperatura que tiene el planeta depende en primera instancia de nuestra distancia al Sol y de la temperatura de la estrella. Esa *zona de habitabilidad* que ya hemos mencionado podría llegar a incluir también a Venus y Marte, aparentemente desiertos, sin embargo.

La Tierra está acompañada de un gigantesco satélite al que llamamos Luna. Su formación fue un proceso que solo podríamos calificar de catastrófico, pero actualmente la Luna juega un papel importante relacionado con la biosfera. Por un lado, nos proporciona una inercia que permite que el eje de rotación de nuestro planeta sea más estable, evitando variaciones caóticas en su inclinación que producirían cambios climáticos intensos a una latitud dada. Por otro lado, las fuerzas de marea que ejerce sobre nosotros también permiten el movimiento de las masas oceánicas, que propician las biológicamente riquísimas zonas intermareales y continentales, contribuyendo también al estado de la fase sólida de nuestro planeta.

Y es que, aunque sentimos que caminamos sobre tierra sólida, lo cierto es que lo hacemos sobre balsas de roca que flotan sobre el magma, que a veces se levantan en increíbles cordilleras montañosas y otras veces se hunden en las llamadas zonas de subducción. Todo ello genera un equilibrio en la liberación y destrucción de dióxido de carbono que favorece una concentración estable de uno de los dos gases de mayor efecto invernadero, resultando de nuevo en un control efectivo de la temperatura.

También la propia estructura interna de la Tierra favorece la presencia de un núcleo capaz de generar un campo magnético sustancial. Realmente, uno de los más poderosos de todo el sistema. Y, como ya hemos visto, este campo magnético juega un papel muy importante protegiéndonos de las partículas cargadas que, a velocidades relativistas, viajan a través de nuestra órbita, a menudo viniendo desde la misma estrella que nos da la vida y otras veces desde distantes agujeros negros en el corazón de la galaxia.

Ante esta perspectiva que une atmósfera, geosfera y biosfera, resulta muy tentador secundar las hipótesis de James Lovelock sobre un planeta que puede considerar a muchos o a todos los efectos como un ser vivo único e integral. Todo lo que sucede en nuestro planeta afecta a todo el planeta. Los volcanes saltan de los libros de geología a los de biología, llevándonos a un sistema complejamente interrelacionado y posiblemente muy frágil al que llamamos Tierra, o Gaia, si lo prefieres.

Un planeta tan especial debería llamar la atención desde lejos. Dejemos de momento a un lado las dificultades prácticas y reflexionemos sobre lo que deberíamos ver si miráramos a nuestro propio planeta con los telescopios, desde gran distancia. Obviamente, un vuelo orbital ya nos daría muchas pistas: veríamos masas de agua, bosques, quizá incluso estructuras. Pero incluso a unos meros 6.000 millones de kilómetros, desde aproximadamente la órbita de Plutón, resulta muy difícil encontrarle características especiales y debemos emplearnos más a fondo.

Analizando la luz que refleja un planeta como el nuestro, deberíamos ser capaces de medir su temperatura y de detectar la presencia de oxígeno, agua, ozono y otros gases que nos permitirían asegurar que sus condiciones son habitables. La propia presencia de oxígeno puede incluso indicar el hecho de que el planeta se encuentra, efectivamente, habitado y teóricamente podríamos incluso llegar a detectar la presencia de los verdes bosques y las azules aguas que cubren la superficie. Por el contrario, también podemos encontrarnos un erial, sin atmósfera, muy frío o muy caliente, o quizá con una química completamente hostil para las formas de vida que conocemos. Miremos, pues, hacia las lejanas estrellas para intentar entender cómo son los planetas que orbitan en torno a ellas.

Mil mundos esperando

En el momento de escribir estas líneas, son más de 5.000 los exoplanetas confirmados. Es una cifra impresionante, sobre todo si tenemos en cuenta que el primero de ellos fue descubierto en la década de los 90. A comienzos de aquella década, se había detectado la presencia de planetas de masa similar a la de la Tierra, en órbitas no muy diferentes pero orbitando en torno a estrellas muertas que giran a gran velocidad, los llamados púlsares. Sin embargo, aunque resultaban prometedores sobre las perspectivas que ofrecían de cara a buscar nuevos mundos, lo cierto es que el entorno en el que se encontraban se alejaba enormemente de lo que podríamos considerar remotamente amigable para la vida. Incluso, se duda de que la formación de estos planetas se produjera antes de la muerte de la estrella y, al menos en algunos casos, pudieron formarse a partir de los escombros de la gigantesca explosión estelar que dio lugar al púlsar.

Sin embargo, Michel Mayor y Didier Queloz dieron un paso de gigante en 1995 cuando fueron capaces de medir el sutil bamboleo que un planeta, de gran tamaño y órbita cercana, generaba en su estrella progenitora. Este bamboleo se manifestaba a través del efecto Doppler en el espectro estelar permitiendo la detección planetaria. Este método, llamado de las velocidades radiales, es uno de los principales que utilizamos hoy en día para encontrar planetas fuera de nuestro sistema y tiene a su favor el hecho de que permite "pesar" a los planetas, dado que el efecto sobre la estrella depende de la masa de estos cuerpos. Es también, por lo tanto, un método complementario excelente para el otro gran método que empleamos en la actualidad: el de los tránsitos.

Aunque el método de las velocidades radiales nos ha dado grandes alegrías, también tiene algunas pegas. La primera y más importante es un evidente sesgo observacional. Un sesgo significa una tendencia a detectar cuerpos con unas determinadas características físicas, por lo que debemos tomar con cuidado las extrapolaciones que hagamos a partir de los objetos que detectemos. En particular, será más sencillo detectar planetas gigantes muy cercanos a sus estrellas, a ser posible pequeñas, dado que esa configuración particular va a producir una señal muy intensa en este método de detección. Así, en los primeros años la galaxia parecía estar repleta de planetas muy parecidos a nuestro Júpiter pero muy cercanos a su estrella, más aún que Mercurio al Sol y, por lo tanto, a elevadas temperaturas. Es por ello que reciben el nombre de Júpiter calientes[62]. Frente a los paradigmas dominantes a finales del siglo XX, que favorecían la formación de sistemas planetarios con una estructura muy similar a lo que ya conocíamos, nos encontrábamos cada vez más con la evidencia de que los sistemas planetarios pueden ser realmente diversos en sus configuraciones orbitales y en la distribución de masas de los cuerpos. Sin embargo, la comunidad científica era consciente en aquel momento del sesgo observacional imperante y de que, por lo tanto, aún debíamos esperar un poco más para extrapolar a una estadística fiable sobre los sistemas planetarios en nuestra galaxia, al mismo tiempo que debíamos acomodar nuestros modelos de forma-

---

[62] *Hot Jupiters,* he aquí un excelente título para algún productor de películas para adultos que lea estas líneas.

ción planetaria para hacer sitio a una configuración que podía no ser la dominante en el contexto global, pero que al menos sabíamos fehacientemente que existía.

Así, a principios del siglo XXI, uniendo estas evidencias a otras que íbamos reuniendo acerca de la estructura del Sistema Solar, se fue imponiendo una visión más dinámica sobre la formación de los planetas y abandonamos la idea de que los planetas tendían a encontrarse en el mismo lugar en el que se habían formado. Los planetas podían nacer, normalmente, en regiones más lejanas, e ir migrando hacia el interior del sistema. Ya hemos visto cómo, en nuestro Sistema Solar, aquello propició un bombardeo masivo de asteroides y planetesimales de importantes consecuencias para los planetas interiores. Bien, en muchos otros sistemas aparentemente nunca se alcanzó el equilibrio gravitacional que encontraron Júpiter y Saturno, y sus planetas avanzaron hacia su estrella hasta ser literalmente engullidas por ella. Tenemos múltiples evidencias de estrellas que han debido devorar a sus hijos sin ningún miramiento y en períodos de tiempo relativamente breves. Presumiblemente, las órbitas de otros planetas de menor tamaño, tal vez más similares a la Tierra, habrían sido desestabilizadas de forma que también acabarían sus días en el interior de la estrella o perdidos en el frío medio interestelar.

Aunque esta extraña visión de planetas migrados a posiciones peculiares resultaba muy interesante, persistía la idea de que debía de haber sistemas más parecidos al nuestro que simplemente no estábamos detectando. De esta forma, fuimos perfeccionando la otra gran técnica de detección de exoplanetas. Para determinadas orientaciones de los sistemas exoplanetarios, deberíamos ser capaces de ver pasar a un planeta por delante de su estrella. Por supuesto, no como vemos hacerlo de cuando en cuando a Venus o Mercurio[63], sino simplemente notando la disminución leve del brillo estelar. Esta variación puede ser tremendamente sutil, lo que nos obliga a utilizar telescopios e instrumentos sensibles capaces de sumar la luz de las estrellas de forma continua. También deberemos ser capaces de distinguir los casos espurios que producen estrellas de naturaleza intrínsecamente variable, o debido a la pertenencia de la estrella a sistemas múltiples.

A pesar de que los tránsitos se detectan también con pequeños telescopios y sistemas relativamente sencillos, aunque muy sensibles, la gran diferencia la marcó la misión Kepler, que escudriñó una pequeña región del cielo en la dirección de la constelación de la Lira y detectó miles de sistemas planetarios de muy diversa condición.

Tampoco este sistema de detección está, por supuesto, libre de sesgos observacionales. En primer lugar, la orientación del plano orbital con respecto a la visual debe ser la adecuada, así como el tamaño de la órbita con relación a los radios planetarios y estelar. Y tiene sus limitaciones: contrariamente a lo que sucede con la técnica de las velocidades radiales, no podremos pesar la masa de los planetas, aunque a menudo conseguiremos indicaciones sobre su radio.

Lo que han venido haciendo los astrónomos en las dos últimas décadas es precisamente cruzar la información de estos dos grandes métodos, tanto para confirmar detecciones como para caracterizar todo lo posible las propiedades físicas de planetas y estrellas. Unamos a esto algunos otros métodos comple-

---

[63] Entre otras cosas porque somos incapaces de resolver el disco de la mayor parte de estrellas, por lo que difícilmente podremos ver algo más pequeño atravesándolas.

mentarios de detección, como puede ser la complicada imagen directa o el llamado de microlentes gravitacionales[64], junto con métodos de caracterización, como la espectroscopía de tránsitos, y ya podemos reunir una cantidad ingente de información sobre la población planetaria de nuestro entorno. Las grandes exploraciones del cielo, que se viene desarrollando en la última década, no hacen sino aumentar el número de objetos descubiertos y también mejorar la caracterización de las estrellas en torno a las cuales orbitan, que también es necesario para poder desenredar la información que conseguimos.

A día de hoy, tal y como decíamos en páginas anteriores, tenemos más 5.000 planetas confirmados, aunque esta lista no parará de crecer gracias a misiones como TESS o la futura ARIEL. Los organizamos en categorías que atienden a su temperatura (fríos, templados, calientes) y a su masa (Tierras, Neptunos, Júpiters), aunque la categoría que más nos interesa a menudo la desdoblamos un poco más (sub-Tierras, súper-Tierras, incluso se llega a hablar de exo-Venus). Poco a poco vamos llenando lo que se ha venido en llamar la tabla periódica de los exoplanetas, con ejemplos de prácticamente todas las combinaciones posibles de masa y temperatura. A menudo podemos estimar densidades y juzgar si con cuerpos de naturaleza rocosa, gaseosa o incluso similar al agua. Nada sabemos aún en la mayoría de los casos sobre otros parámetros clave como la composición, por lo que es más que probable que muchos de los planetas ni siquiera tengan una temperatura similar a la estimada. Es decir, serán más fríos o más calientes de lo que les corresponde por el efecto de los gases atmosféricos.

---

[64] Método basado en el efecto de la masa sobre la trayectoria de la luz, tal y como predice la Teoría de la Relatividad General, de Albert Einstein, y que fue objeto de la verificación de Eddington que comentamos en capítulos anteriores.

En la próxima década, la agencia espacial europea ESA pretende enviar tres misiones para detectar y caracterizar exoplanetas: Cheops, Plato y Ariel. En un esfuerzo dominado hasta la fecha por NASA, supondrán una aportación muy significativa a nuestro conocimiento sobre estos planetas. (© ESA)

Este cuadro general de los planetas de la galaxia nos ofrece también una buena perspectiva sobre la posible supervivencia de los mismos. Al menos estadísticamente, podemos decir que los planetas tienden a sobrevivir, aunque hay fases críticas, como la migración, que pueden derivar en la pérdida de todos los planetas habitables. A estas alturas de la película, no es una etapa de la que debamos preocuparnos, ya que una inestabilidad gravitatoria de nuestro Sistema solo se puede esperar en la lejana fase de gigante roja del Sol o por el paso cercano de objetos masivos como otras estrellas o incluso objetos más exóticos como agujeros negros, que tampoco se esperan próximamente. Los planetas existen, sobreviven, a razón de al menos uno por cada estrella, tal vez incluso más. Es decir, la destrucción completa de los planetas, aunque aún debemos reunir más datos[65], no es tanto problema como la destrucción de las condiciones que nos permiten vivir sobre ellos.

No tenemos evidencias de que ninguno de los planetas que hemos encontrado a día de hoy sea habitable, mucho menos de que esté habitado. Algunos de ellos parecen ser planetas rocosos, a distancias adecuadas de estrellas razonablemente estables, pero no podemos decir mucho más. Esto se debe básicamente a nuestras deficiencias instrumentales, que muy posiblemente se irán resolviendo en los próximos años. Tal vez en una o dos décadas podamos asegurar a ciencia cierta que un determinado planeta es habitable, pero el uso del término, a día de hoy, es un abuso del lenguaje que puede o no corresponderse con la realidad del planeta en cuestión de una manera que ni siquiera podemos predecir, aunque intentemos introducir índices de probable habitabilidad o de similitud con la Tierra y cosas semejantes.

Viajeros estelares

Siendo optimistas, del apartado anterior podemos obtener una breve lista de planetas rocosos, de masa similar a la Tierra y suficientemente templados como para albergar agua líquida en su superficie. Tal vez debamos esperar un poco más de tiempo para estar seguros pero, qué demonios, podríamos identificarlos dentro de nada. Incluso algunos de los gigantes templados po-

---

[65] Aunque actualmente podemos estimar la cantidad de planetas que existen por estrella, sería muy interesante estimar la cantidad total de planetas destruidos por cada sistema estelar, lo que nos permitiría calcular qué tasa de éxito muestran.

drían tener lunas que a su vez podrían ser habitables y que aún no hemos sido capaces de detectar.

Los más fantasiosos podrían también decirnos, para qué buscar tan lejos, con un poco de esfuerzo quizá podríamos hacer de planetas como Marte un lugar más amigable para nuestra especie. Lunas del Sistema Solar, asteroides, estaciones espaciales... La ciencia ficción está llena de ejemplos de lo que nos podría deparar el futuro de la humanidad: la colonización del Sistema Solar primero y de la galaxia después y, quién sabe, agujeros de gusano a otros mundos y, ¿dónde está el límite? El límite, como siempre, nos lo va a poner la realidad.

Este tipo de pensamiento escapista hunde sus raíces en una etapa muy temprana de la astronáutica. Decía el pionero Konstantin Tsiolkovsky que la Tierra es la cuna de la humanidad, pero que todos los niños, tarde o temprano, abandonan su cuna. Una idea poderosa, germen del mito de la conquista del espacio. Sabemos ya que la Tierra está condenada, en el mejor de los casos con la misma fecha de caducidad que nuestra estrella, ¿por qué entonces no intentamos dar el salto que nos ponga a todos a salvo? ¿Qué posibilidades tenemos de escapar de nuestra muerte segura anclados al planeta Tierra en lugar de viajar entre las estrellas?

Este salto se podría dar de muchas maneras diferentes, que se han explorado profusamente sobre todo, pero no únicamente, a través de la especulación y de la imaginación. Naves-generación, capaces de movilizar una cantidad suficiente de material genético que asegure la supervivencia de la especie. Una lenta colonización que nos permita ir tomando posiciones cada vez más avanzadas, en pequeños viajes más manejables. Incluso misiones robóticas que germinan planetas enteros.

Sin ánimo de ser aguafiestas, y con el espíritu de desarrollar estas ideas en más profundidad en otras páginas, todas estas visiones pecan, en general, de ingenuas por al menos tres razones básicas. La primera de las razones se basa en la evaluación de las distancias. Por más que lo hemos repetido aquí, y otros lo han hecho anteriormente, seguimos sin ser conscientes de la increíble vastedad del cosmos y de lo vacío que está. Tomemos como ejemplo la estrella más cercana al Sol, Próxima Centauri. Este sistema estelar parece contar además con un planeta habitable, según la terminología que habitualmente empleamos. La luz que nos llega de ella tarda solo 4 años en alcanzarnos. Vemos esta estrella casi en riguroso directo, nada comparable a los centenares o miles de años-luz que nos separan de otras estrellas y de los millones (o miles de millones) de años-luz que hay incluso hasta las galaxias más cercanas. Dado que nuestra mente humana tiende a manejar las magnitudes de forma comparativa, esto nos suele llevar a concluir que esta estrella está tan cerca como sugiere su nombre. Y ahí está el error. Viajando en la nave más rápida que jamás hayamos fabricado podríamos tardar 10.000 años en alcanzarla. ¿Dónde estaba la humanidad hace diez mil años? En su mayor parte, aún se encontraría en lo que llamamos prehistoria. A finales de los 70 enviamos al espacio las dos naves Voyager, que hemos mencionado profusamente en este libro, y que son dos grandes ejemplos de las maravillas que somos capaces de construir. Más de cuarenta años después de su despegue, aún se están despidiendo del Sol y eso que son mucho más simples y ligeras de lo que una nave de colonización requeriría.

Los seguidores del tecno-optimismo siempre encontrarán argumentos para refutar estos puntos de vista. Nos dirán que tal vez encontremos nuevos motores y combustibles, algo inventaremos que revolucionará el viaje interestelar. Admito que es algo posible, pero, a la vista de los datos con los que contamos actualmente, no es algo muy probable. Aunque fuéramos capaces de construir la nave más rápida que nos permite la física que cono-

CÁNTICOS DE LA LEJANA TIERRA 209

cemos, aquella que viaja a la velocidad de la luz, nos veríamos severamente limitados por las aceleraciones que los organismos vivos somos capaces de aguantar. En ese escenario, podríamos invertir varias décadas, una epopeya aún muy lejana para los viajes tripulados, que apenas suelen superar algunos meses de duración[66].

La segunda de las grandes pegas que se suele eludir es la evaluación de riesgos del propio viaje. Creo que hemos insistido suficientemente hasta aquí, que el universo es sumamente peligroso y solo el efecto protector de nuestra querida atmósfera y del campo magnético nos mantiene en una razonable paz. Salir ahí fuera significa exponerse a una cantidad significativamente mayor de peligros, a no ser que creemos un escudo protector de escala planetaria[67]. La exploración humana de Marte se encuentra, de hecho, como primer escollo con la cantidad de radiación cósmica a la que se verán sometidos los astronautas. Las evaluaciones desarrolladas durante la misión Mars Science Laboratory (más conocida como Curiosity) mostraron una exposición varias veces superior a la aconsejada si no se toman serias medidas de protección. Ni que decir tiene que un viaje interestelar supondría un aumento exponencial de estos riesgos.

En el caso de que hablemos de naves de largo recorrido, con décadas o tal vez siglos o milenios de vuelo, no solo nos deben preocupar los riesgos astrofísicos como la radiación o las colisiones, sino también la intrínseca inestabilidad de las sociedades humanas. También esto ha sido explorado en varias no-

---

[66] Considerando, claro está, las más largas estancias en la Estación Espacial Internacional; en otro caso, los viajes más largos han sido los de las misiones Apolo, de solo unos días de duración.

[67] De hecho, se ha llegado a sugerir la propia migración del planeta como mecanismo de escape en una fase expansiva del Sol.

velas de ciencia ficción, y a nadie se le escapa que una pequeña dosis de problemas puede suponer un riesgo acumulado muy grande si la duración de la misión se prolonga.

Sin embargo, el último de los problemas que quería destacar en estas líneas es uno que se suele pasar por alto con mayor frecuencia. Sería el problema de la disponibilidad de recursos. Vivimos en un contexto histórico que ha destapado un serio problema en cuanto a nuestra capacidad de seguir creciendo al mismo ritmo que en las últimas décadas. Realmente esto es algo que se ha planteado desde la revolución industrial con los riesgos de la explosión demográfica y que, más o menos, hemos ido salvando hasta encontrarnos posiblemente cerca del pico máximo de población histórica, tal vez en puertas de los primeros descensos de población global en siglos. Pero también estamos alcanzando los picos de generación de recursos y estamos viendo que la explotación de los mismos nos está generando muchos problemas. Hablo de la contaminación a todos los niveles y sobre todo de la emisión de gases de efecto invernadero.

La pregunta que debemos hacernos en este momento es cuántos recursos necesitaríamos para sacar a la humanidad de este planeta y cómo podríamos hacerlo energéticamente viable. La ingenua idea de construir cohetes y meter dentro a todos es claramente inviable. Seleccionar y enviar solo a los *mejores*[68] también sería problemático. El desarrollo de la tecnología genética nos ha hecho pensar que, tal vez, podríamos pensar en enviar el propio material de viaje, más fácilmente conservable y menos exigente con respecto a las condiciones de viaje. ¿De cuántos recursos podríamos disponer para abandonar el planeta

---

[68] Nótese la cursiva, dado que la definición de la palabra es sumamente complicada y, sin duda, daría pie a múltiples debates de carácter ético y también práctico sobre quiénes debieran ser los elegidos.

Tierra? Realmente esta es una cuestión fascinante que requiere de una reflexión mucho más profunda y que nos permitiría analizar la viabilidad de nuestro plan de escape. Más aún, una vez que una cierta porción de la humanidad comenzara su viaje, también precisaría de recursos. ¿De dónde los obtendría? ¿Deberíamos equiparlos como a los marinos del siglo XVI confiando en que encontrarán un puerto seguro antes de que se agoten los materiales críticos? ¿O tal vez buscar la forma de explotar los recursos que fueran encontrando durante su viaje? El propio viaje interestelar, por su duración y dimensiones, sería potencialmente capaz de agotar todos los recursos actuales del planeta, incluso aunque nos centremos en salvar a una ínfima porción de nuestra gente[69].

¿Debemos entonces abandonar toda esperanza? ¿Estamos condenados a la desaparición y la escapatoria es inviable? La historia nos enseña que poner límites a la capacidad humana para desarrollar soluciones, y de la vida para encontrar resquicios, es apostar a caballo perdedor. Sin embargo, no podemos saber por dónde surgirá la solución, si es que lo hace, y es conveniente explorar diferentes posibles escenarios y no encomendarnos a uno solo con la vana esperanza de que de alguna manera encontraremos la respuesta que estamos buscando.

Epílogo

Qué largo viaje hemos recorrido para llegar a este punto. Por el camino hemos aprendido mucho de lo que actualmente sabemos

---

[69] Después está el método Superman que consiste en enviar un solo representante a un destino incierto, pero no hablo aquí de poner a salvo individuos sino a la humanidad en su conjunto, signifique esto lo que signifique.

Esta fotografía de nuestro planeta tomada por los astronautas de la misión Apolo 17 (Harrison Schmitt, Eugen Cernan y Ronald Evans) es tan famosa que incluso tiene nombre propio: la canica azul (blue marble). A menudo se cita esta imagen como el origen del llamado efecto perspectiva que, según muchos viajeros espaciales, cambiaba su percepción de nuestro planeta como un conjunto (© NASA/Apollo 17).

sobre cómo es el universo, cómo viven y mueren las estrellas, los planetas y las galaxias. Hemos presenciado amenazas terribles y fascinantes. Hemos visto gigantes que pasarán a nuestro lado sin vernos y minúsculas rocas que son infinitamente más peligrosas.

Pero el mensaje más importante de este libro es probablemente la identificación de nuestra mayor debilidad. Conócete a ti mismo, decían los sabios de la antigüedad. Ahora sabemos que es precisamente nuestra atmósfera el factor que más fácilmente pueden desestabilizar tanto los agentes externos como los internos. Han sido precisamente cambios en las atmósferas los que han propiciado los cataclismos más intensos para la biosfera en el pasado, y sucederá lo mismo en el futuro. Pienso sinceramente que aún no somos plenamente conscientes de la dramática fragilidad de nuestra atmósfera, y que es una de las principales obligaciones de los divulgadores recordar que esta fina capa, algún día, puede dejar de existir. Esto sucederá mañana, o dentro de mil millones de años, pero pasará tarde o temprano y debemos tenerlo bien presente.

Como seres vivos que somos, la idea de la muerte debería resultarnos tremendamente familiar. Todos los seres vivos que conocemos nacen y mueren y ambos procesos son igualmente naturales. ¿Por qué no habría de suceder lo mismo con la propia vida, que estuviera acotada por un principio y un final? La mayoría de nosotros somos conscientes de que nuestro futuro como individuos está sellado, aunque no sepamos cuándo ni cómo, pero es bastante obvio que tarde o temprano dejaremos de existir. Nos consolamos pensando que nuestros hijos, y los hijos de nuestros hijos, continuarán el legado que les vamos pasando, aunque este legado se vaya distorsionando generación tras generación. Estamos incluso dispuestos a renunciar a nuestro querido planeta, abandonarlo por un incierto viaje a través de las estrellas, en busca de improbables mundos habitables, cómodos y templados, donde los hijos de los hijos de nuestros hijos puedan crecer y multiplicarse.

Desde un punto de vista filosófico, podemos preguntarnos si el fenómeno mismo de la vida puede ser eterno. Tal vez la vida, y nosotros como punta de lanza, pueda contaminar el universo entero y propagarse, aunque todo el universo acabe muriendo de frío en algún lejano futuro cosmológico. No creo que tengamos forma de saberlo hoy en día pero puede ser una manera de enfocar el porvenir con optimismo. En todo caso, aquí estamos. Vivos. Sobre el único grano de polvo dentro de una pompa de jabón que conocemos. En un mundo hermoso y amigable. Rodeados de riesgos, sí, por todas partes, pero vivos. Algunos de los peligros a los que estamos expuestos podemos prevenirlos y, a veces, mitigarlos. Otros, en cambio, serían completamente inevitables y poco o nada podríamos hacer al respecto. Tal vez exista una vía de escape y no debamos permanecer anclados a la Tierra o, tal vez, muy al contrario, nuestro destino esté íntimamente ligado al del planeta y debamos asumir de una vez por todas que lo que le pase a Gaia le sucederá a cada uno de sus hijos.

Y mientras tanto, todo lo que nos queda es seguir viviendo, aprendiendo, disfrutando de cada momento del que dispongamos antes de que algún suceso, anunciado o inesperado, acabe con nosotros, o con todo el planeta. Al fin y al cabo, de eso se trata vivir, ¿no es cierto?

LECTURAS SUPLEMENTARIAS

CAPÍTULO 1

El gen egoísta: las bases biológicas de nuestra conducta, Richard Dawkins, Salvat Editores, 1990.

Homo Deus: breve historia del mañana, Yuval Noah Harari, Editorial Debate, *2016.*

The Four Horsemen: Discussions with Richard Dawkins, IWC Media Lmtd., 2008.

The short history of global living conditions and why it matters that we know it, Max Roser, https://ourworldindata.org/a-history-of-global-living-conditions-in-5-charts# (Consultado 8/10/2020).

Declaración sobre la utilización del progreso científico y tecnológico en interés de la paz y en beneficio de la humanidad, proclamada por la Asamblea General de las Naciones Unidas en su resolución 3384, 10 de noviembre de 1975.

Gaia, una nueva visión de la vida sobre la Tierra, James E. Lovelock, Editorial Orbis, 1986.

El hombre en el castillo, Philip K. Dick, Editorial Minotauro, 2014.

Armas, gérmenes y acero: Breve historia de la humanidad en los últimos trece mil años, Jared Diamond, Editorial Debolsillo, 2016.

Un silencio inquietante: la nueva búsqueda de inteligencia extraterrestre, Paul Davies, Editorial Crítica, 2011.

"El gran filtro: ¿ya casi lo hemos pasado?", Robin Hanson, https://dedona. wordpress.com/2020/05/24/exobiologia-el-gran-filtro-robin-hanson/ (Consultado 10/10/2020).

"Are we now living in the Anthropocene?", Jan Zalasiewicz y otros, *GSA Today*, v. 18, no. 2, doi: 10.1130/GSAT01802A.1, 2008. Disponible en: https://www.researchgate.net/publication/235697307_ Are_we_now_living_in_the_Anthropocene_GSA_Today

"China's great famine: 40 years later", Vaclav Smil, *BMJ*, 319, 1619.

"China's Great Leap Forward", Clayton D. Brown, Education about Asia, 17, 3, 2012. Disponible en: https://www.asianstudies.org/publications/eaa/archives/chinas-great-leap-forward/

Los finales del mundo, Peter Brannen, Shackleton Books, 2017.

La guerra de los mundos, H. G. Wells, Grupo Anaya Publicaciones Generales, 2005.

Cosmos, Carl Sagan, Editorial Planeta, 1982.

"Zombies reales", Ben Hanelt, Anand Varna, *National Geographic*, noviembre 2014.

"HIV pandemic vs. COVID-19: How do the pandemics compare?", *Medical News Today*, actualizado 17/02/2023, Disponible: https://www.medicalnewstoday.com/articles/hiv-vs-covid#deaths-and-infections

El jinete pálido, 1918: la epidemia que cambió el mundo, Laura Spinney, Editorial Crítica, 2020.

Colapso: ¿por qué unas sociedades perduran y otras desaparecen?, Jared Diamond, Editorial Debolsillo, 2007.

"El hongo asesino de 500 especies de anfibios", Javier Flores, *National Geographic*, marzo 2019.

"Amphibian fungal panzootic causes catastrophic and ongoing loss of biodiversity", Ben C. Scheele *et al.*, *Science* 363, 1459-1463, 2019.

"An emerging disease causes regional population collapse of a common North American bat species", Winifred F. Frick *et al.*, *Science* 329, 679-682, 2010.

"Invasive predators and global biodiversity loss", Tim S. Doherty *et al.*, *PNAS*, 113, 40, 11261-11265.

CAPÍTULO 2

La búsqueda de vida en otros planetas, Bruce Jakosky, Cambridge University Press, 2003

An introduction to Astrobiology, D. A. Rothery, I. Gilmour, M. A. Sephton (Eds.), Cambridge University Press, 2018

"Habitable zones about main sequence stars", M. H. Hart, *Icarus,* 37, 351-357, 1979.

"Habitable zones about main sequence stars", J. F. Kasting, D. P. Whitmire, R. T. Reynolds, Icarus, 101, 108-128, 1993.

"Remote life-detection criteria, habitable zone boundaries, and the frequency of Earth-like planets around M and late K stars", J. F. Kasting *et al., PNAS,* 111, 35, 2014.

Seveneves, Neal Stephenson, Ediciones B, 2016.

"Transport-driven formation of a polar ozone layer on Mars", F. Montmessin, F. Lefèvre, *Nature Geoscience,* 6, 2013.

El cuento del antepasado: un viaje a los albores de la evolución, Richard Dawkins, Editorial Antoni Bosch, Barcelona, 2008.

"What sparkled the Cambrian explosion?", Douglas Fox, *Nature,* 530, 268, 2016.

"Radiation environment for future human exploration of the surface of Mars: the current understanding based on MSL/RAD dose measurements", Jingnan Guo *et al., The Astronomy and Astrophysics Review,* 29, 8, 2021.

"The biomass distribution on Earth", Yinon M. Bar-On, Rob Phillips, Ron Milo, *PNAS* 115, 25, 6506-6511, 2018.

"Recent near-Earth supernovae probed by global deposition of interstellar radiactive [60]Fe", A. Wallner *et al., Nature* 532, 69, 2016.

"Interstellar [60]Fe on the surface of the Moon", L. Fimiani *et al., Physical Review Letters* 116, 151104, 2016.

"The scientific legacy of the Apollo program", B. Jolliff y M. Robinson, *Physics Today,* 72, 44, 2019.

"Worldwide decline of the entomofauna: a review of its drivers", F. Sánchez-Bayo y K.A.G. Wickhuys, *Biological Conservation* 232, 8-27, 2019.

"Climate-driven declines in arthropod abundance restructure a rainforest food web", B. C. Lister y A. García, *PNAS* 115, E10397–E10406, 2018.

"Climate change contributes to widespread declines among bumble bees across continents", P. Soroye *et al., Science,* 367, 6478, 2020.

Capítulo 3

Aún no es tarde: claves para entender y frenar el cambio climático, Andreu Escrivá García, Universitat de Valencia, ISBN: 978-84-9134-234-2, disponible en: https://puv.uv.es/media/catalog/product/a/u/aun_no_es_tarde_indice.pdf

"Mars volatile and climate history", B. M. Jakosky y R. J. Philips, *Nature,* 412, 237-244 (2001).

"Climate evolution of Venus", F. Taylor y D. Grinspoon, *Journal of Geophysical Research – Planets,* 114, E9 (2009).

The Cold and the Dark: The world after nuclear war, P. R. Ehrlich, C. Sagan, D. Kennedy, W. O. Roberts, W. W. Norton & Co Inc, ISBN: 978-0393018707 (1984).

"The atmosphere after a nuclear war: twilight at noon", capítulo del libro *Nuclear War: the aftermath,* Ed. Pergamon Press (1983).

"Nuclear winter: global consequences of multiple nuclear explosions", R. P. Turco, O. B. Toon, T. P. Ackerman, J. B. Pollack, C. Sagan, *Science* 222, 1283-1292 (1983).

"Environmental consequences of nuclear war", B. Toon, A. Robock, R. P. Turco, *Physics Today* 61, 12, 37 (2008).

"Global tracking of the SO2 clouds from the June, 1991 Mount Pinatubo eruptions", G. J. S. Bluth *et al., Geophysical Research Letters,* 19, 2, 1992.

"THE BLIZZARD OF '93: Meteorology; 3 Disturbances Became a Big Storm", W. K. Stevens, *The New York Times,* 14 de marzo de 1993.

"Volcanoes and climate", Jihong Cole-Dai, *WIREs Climate Change 1,* vol. 6, 824-839.

"Volcanoes, Climate Change, and Society: History and Future Prospects", K. Kleeman, *Historical Climatology,* disponible en: https://www.historicalclimatology.com/features/volcanoes-climate-change-and-society-history-and-future-prospects

"Krakotoa's signature persists in the ocean", P. J. Glecker *et al., Nature,* 439, 675 (2006).

"Tambora 1815 as a test case for high impact volcanic eruptions: Earth system effects", C. C. Raible *et al., WIREs Climate Change,* 7 (2016).

"A whiff of Oxygen before the Great Oxidation Event?", A. D. Anbar *et al., Science* 2007, 317, 1903 (2007).

"Late Proterozoic low-latitude global glaciation: the Snowball Earth", J. L. Kirschvink, *The Proterozoic biosphere: a multidisciplinary study,* Cambridge University Press (1992).

"Geoengineering vs. Global Warming", S. Pérez-Hoyos, Mapping Ignorance, disponible en: https://mappingignorance.org/2014/06/11/geoengineering-versus-global-warming/

"Warning of a forthcoming collapse of the Atlantic meridional overturning circulation", P. Ditlevsen, S. Ditlevsen, *Nature Communications* 14, 4254 (2023).

Capítulo 4

"El único temor... que el cielo se caiga sobre nuestras cabezas", https://www.celtica.es/el-unico-temor-que-el-cielo-se-caiga-sobre-nuestras-cabezas/

"The potentially dangerous asteroid 2012DA14", I. Wlodarczyk, *Monthly Notices of the Royal Astronomical Society,* 427, 1175-1181 (2012).

"Visible and near-infrared observations of asteroid 2012DA14 during its closest approach of February 15, 2013", J. de León *et al., Astronomy & Astrophysics,* 555 (2013).

"A 500-kiloton airburst over Chelyabinsk and an enhanced hazard from small impactors", P. G. Brown *et al., Nature* 503, 238-241 (2013).

"Casualties and radiation dosimetry of the atomic bombings on Hiroshima and Nagasaki", T. Imanaka, *Radiation risk estimates in normal and emergency situations,* pp. 149-156, NATO Security through Science Series (2006).

"On Tsar Bomba – the most powerful nuclear weapon ever tested", F. A. Khan, *Physics Education,* 56, 013002 (2020).

"The impact rate on Earth", P. A. Bland, *Philosophical Transactions of the Royal Society A,* 363, 1837 (2005).

"The 1908 Tunguska explosion: atmospheric disruption of a stony asteroid", C. F. Chyba *et al., Nature,* 361, 40-44 (1993).

"On the origin of Earth's Moon", A. C. Barr, *Journal of Geophysical Research – Planets,* 121, 9, 1573-1601 (2016).

"The origin of water on Earth", F. Robert, *Science,* 293, 5532 (2001).

"Chemodynamical deuterium fractionation in the early solar nebula: the origin of water on Earth and in asteroids and comets", T. Albertsson *et al., The Astrophysical Journal,* 784, 1, (2014).

"Impact theory gets whacked", D. Clery, *Science* 342, 183-185 (2013).

"HST imaging of atmospheric phenomena created by impact of Comet Shoemaker-Levy 9", H. B. Hammel *et al., Science,* 267, 5202, 1288-1296 (1995).

"Lessons from Shoemaker-Levy 9", J. Harrington *et al., Jupiter: the planet, satellites and magnetosphere,* Cambridge University Press (2004).

"Jupiter: friend or foe?", J. Horner y B. W. Jones, *Astronomy & Geophysics,* 51, 6 (2010).

"The impact of a large object on Jupiter in 2009 July", A. Sánchez-Lavega *et al., The Astrophysical Journal Letters,* 715, L155 (2010).

"The scape of planetary atmospheres", Catling and Zahnle, *Scientific American* (2009).

"The Space Situational Awareness program of the European Space Agency", N. Brobinsky y L. del Monte, *Cosmic Research,* 48, 5, 392-398 (2010).

"Planetary Defense Exercise Uses Apophis as Hazardous Asteroid Stand-In", https://www.jpl.nasa.gov/news/planetary-defense-exercise-uses-apophis-as-hazardous-asteroid-stand-in

"The hazard of near-Earth asteroid impacts on Earth", C. R. Chapman, *Earth and Planetary Science Letters,* 222, 1-15 (2004).

CAPÍTULO 5

An introduction to the Sun and stars, S. F. Green y M. H. Jones, Cambridge – Open University (2015).

"Epidemiology and risk factors of melanoma", S. Carr *et al., Surgical Clinics,* 100, 1-12 (2019).

"Comparison of Kepler photometric variability with the Sun on different timescales", G. Basri *et al., The Astrophysical Journal,* 769, 1 (2013).

"Variability of Sun-like stars: reproducing observed photometric trends", A. I. Shapiro *et al., Astronomy & Astrophysics,* 569, A38 (2014)

"Climate change and solar variability: what's new under the sun?", E. Bard y M. Frank, *Earth and Planetary Science Letters,* 248, 1-14 (2006).

"Climate variability and the influence of the Sun", J. D. Haigh, *Science,* 294, 5549 (2001).

"M star planet habitability", H. Lammer, *Astrobiology,* 7, 1 (2007).

"How to cook a planet", S. Pérez-Hoyos, Mapping Ignorance (2013), https://mappingignorance.org/2013/09/03/how-to-cook-a-planet/

"Faint young Sun paradox remains", C. Goldblatt y K. J. Zahnle, *Nature,* 474, E1 (2011).

"Earth and Mars: evolution of atmospheres and surface temperatures", C. Sagan and G. Mullen, *Science,* 177, 4043 (1972).

"The Solar wind", W. I. Axford, *Progress in Solar Physics,* pp. 575-586, Springer (1985).

"Characterizing atmospheric escape from Mars today and through time, with MAVEN", R. J. Lillis *et al., Space Science Reviews,* 195, 357-422 (2015).

"Carrington events", H. S. Hudson, *Annual Review of Astronomy and Astrophysics,* 59, 445-477 (2021).

"Solar proton events for 450 years: the Carrington event in perspective", M. A. Shea *et al., Advances in Space Research,* 38, 232-238 (2006).

"A 21st Century view of the March 1989 magnetic storm", D. H. Boteler, *Space Weather,* 17, 10 (2019).

"A major solar eruptive event in July 2012: defining extreme space weather scenarios", D. N. Baker *et al., Space Weather,* 11, 10 (2013).

"A signature of cosmic-ray increase in ad 774–775 from tree rings in Japan", F. Miyake, K. Nagaya, K. Masuda, T. Nakamura, *Nature,* 486, 240-242 (2012).

"A radiocarbon spike at 14 300 cal yr BP in subfossil trees provides the impulse response function of the global carbon cycle during the Late Glacial", E. Bard, C. Miramont, M. Capano, F. Guibal, C. Marschal, F. Rostek, T. Tuna, Y. Fagault, T. J. Heaton, *Philosophical Transactions of the Royal Society A,* 381 (2023).

"Habitability: a review", C. S. Cockell *et al., Astrobiology,* 89-117 (2016).

"Distant future of the Sun and Earth revisited", K. P. Schroder, R. C. Smith, *Monthly Notices of the Royal Astronomical Society,* 2008.

CAPÍTULO 6

"The natural history of Oumuamua", M. T. Bannister *et al., Nature Astronomy,* 3, 594-602 (2019).

"The closest known flyby of a star to the Solar System", E. E. Mamajek *et al., The Astrophysical Journal Letters,* 800, L17 (2015).

"New stellar encounters discovered in the second Gaia data release", C. A. L. Bailer-Jones *et al., Astronomy & Astrophysics,* 616, A37 (2018).

"Gliese 710 will pass the Sun even closer. Close approach parameters recalculated based on the first Gaia data release", F. Berski y P. A. Dybczynski, *Astronomy & Astrophysics* 595, L10 (2016).

"Where the Solar System meets the solar neighbourhood: patterns in the distribution of radiants of observed hyperbolic minor bodies", C. de la Fuente Marcos *et al., Monthly Notices of the Royal Astronomical Society: Letters,* 476, 1 (2018).

"Chaos and stability of the solar system", R. Malhotra, M. Holman, I. Takashi, *PNAS* 98, 22 (2001).

"Witnessing History: Rates and Detectability of Naked-Eye Milky-Way Supernovae", C. Tanner Murphey *et al.* Arxiv 2012.06552.

"Cloudy, with a chance of supernova", S. Pérez-Hoyos, Mapping Ignorance (2016), https://mappingignorance.org/2016/12/28/cloudy-chance-supernova/

"Terrestrial effects of nearby supernovae in the Early Pleistocene", B. C. Thomas *et al., The Astrophysical Journal Letters,* 826, L3 (2016).

"Ozone depletion from nearby supernovae", N. Gehrels *et al., The Astrophysical Journal,* 585, 2, 1169-1176 (2003).

"Measurements of Omega and Lambda from 42 high-redshift supernovae", S. Perlmutter *et al., The Astrophysical Journal,* 517, 565 (1999).

"Optically identified supernova remnants in the nearby sprial galaxies NGC 5204, NGC 5585, NGC 6946, M81 and M101", D. M. Matonick y R. A. Fesen, *The Astrophysical Journal Supplement Series,* 112, 49-107 (1997).

"On the rate of core-collape supernovae in the Milky Way", K. Rozwadoska *et al., New Astronomy* 83, 101498 (2021).

"Supernova rates: a progress report", S. Van Den Bergh, *Physics Reports,* 204, 6, 385-400 (1991).

"The past and future of a star like Betelgeuse", G. Meynet *et al.,* European Astronomical Society Publications Series, Volume 60: *Betelgeuse Workshop 2012 The Physics of Red Supergiants: Recent Advances and Open Questions,* pp. 17-28 (2013).

"Observation of a rapidly pulsating radio source", A. R. Hewish y S. J. Bell, *Nature,* 217, 5130 (1968).

"A planetary system around the millisecond pulsar PSR1257+12", A. Wolszczan, *Nature,* 355, 145-147 (1992).

"Why are pulsar planets rare?", R. G. Martin *et al.*, *The Astrophysical Journal,* 832, 122 (2016).

Capítulo 7

An introduction to galaxies and cosmology, M. H. Jones *et al.,* Cambridge – Open University (2015).

"A new inflationary universe scenario: a possible solution of the horizon, flatness, homogeneity, isotropy and primordial monopole problems", A. D. Linde, *Physics Letter B,* 108, 6, 389-393.

"Wandering black holes in bright disk galaxy halos", J. M. Bellovary *et al., The Astrophysical Journal Letters,* 721, L148 (2010).

"Supermassive black holes in the early universe", A. Smith y V. Bromm, *Contemporary Physics,* 60 (2019).

"A density cusp of quiescent X-ray binaries in the central parsec of the Galaxy", *Nature,* 556, 70-73 (2018).

"First M87 Event Horizont Telescope results. I. The shadow of the supermassive black hole". The Event Horizon Telescope collaboration *et al., The Astrophysical Journal Letters,* 875, L1 (2019).

"First Sagittarius A* Event Horizont Telescope results. I. The shadow of the supermassive black hole in the center of the Milky Way". The Event Horizon Telescope collaboration *et al., The Astrophysical Journal Letters,* 930, L12 (2022).

"Finding black holes with microlensing", E. Agol *et al., The Astrophysical Journal,* 576, L131 (2002).

"A red giant orbiting a black hole", K. El-Badry *et al., Monthly Notices of the Royal Astronomical Society,* Volume 521, (2023).

"Stellar-mass black holes in the Hyades star cluster?", S. Torniamenti, M. Gieles, Z. Penoyre, T. Jerabkova, L. Wang, F. Anders, *Monthly Notices of the Royal Astronomical Society,* Volume 524, (2023).

"The Fermi bubbles revisited", Yang *et al., Astronomy & Astrophysics,* A19 (2014).

"Fermi bubbles, their origin and possible connection to cosmic rays near the Earth", D. Chenysov *et al., Journal of Physics: Conference Series* 1181, 012001 (2019).

"Astrobiological aspects of the mutagenesis of cosmic radiation on bacterial spores", *Astrobiology,* 10, 5 (2010).

"The Chiral Puzzle of life", N. Globus y R. D. Blandford, *The Astrophysical Journal Letters,* 895, L11 (2020).

"The collission between the Milky Way and Andromeda", T. J. Cox y A. Loeb, *Monthly Notices of the Royal Astronomical Society,* 386, 461-474 (2008).

"Gamma-ray burst", P. Mészáros, *Reports on Progress in Physics,* 69, 2259 (2006).

"How deadly a nearby Gamma Ray Burst would be?", A. Gronstal, *Astrobiology at NASA,* https://astrobiology.nasa.gov/news/how-deadly-would-a-nearby-gamma-ray-burst-be/

"Revealing x-ray and gamma-ray temporal and spectral similarities in the GRB 190829A afterglow", Hess Collaboration *et al., Science* 372, 6546, 1081-1085 (2021).

"Terrestrial ozone depletion due to Milky Way Gamma-Ray burst", B. C Thomas *et al., The Astrophysical Journal,* 622, L153 (2005).

"Gamma-ray bursts and the Earth: exploration of atmospheric, biologic, climatic and biogeochemical effects", B. C. Thomas *et al., The Astrophysical Journal,* 634, 509 (2005).

"Did a gamma-ray burst initiate the late Ordovician mass extinction?", A. Melott *et al., International Journal of Astrobiology* 3, 55-61 (2004).

"Detection of transient ELF emission caused by the extremely intense cosmic gamma-ray flare of 27 December 2004", Y. T. Tanaka, M. Hayakawa, Y. Hobara, A. P. Nickolaenko, K. Yamashita, M. Sato, Y. Takahashi, T. Terasawa, T. Takahashi, *Geophysical Research Letters,* 38 (2011).

"Evidence of an upper ionospheric electric field perturbation correlated with a gamma ray burst", Piersanti, M., Ubertini, P., Battiston, R. *et al. Nat Commun* 14, 7013 (2023).

CAPÍTULO **8**

Extinction Rates, editado por John H. Lawton y Robert M. May, Oxford University Press (1995).

"The search for extrasolar Earth-like planets, S. Seager", *Earth and Planetary Science Letters,* 208, 113-124 (2003).

Gaia: una nueva visión de la vida en la Tierra, J. Lovelock, Ediciones Orbis (1985).

Un punto azul pálido: una visión del futuro humano en el espacio, C. Sagan, Editorial Planeta (2006).

An introduction to astrobiology, D. A. Rothery *et al.,* Cambridge University Press (2011).

The Extrasolar Planets Encyclopaedia, Exoplanet TEAM, http://exoplanet.eu/ (2022).

Rare Earth: Why complex life is uncommon in the Universe, P. Ward, D.E. Brownlee, Ed. Copernicus (2000).

"Formation of Earth-like planets during and after giant planet migration", A. M. Mandell *et al., The Astrophysical Journal,* 660, 823 (2007).

HEC: periodic table of exoplanets, PHL@UPR Arecibo, https://m.sites.google.com/a/upr.edu/planetary-habitability-laboratory-upra/projects/habitable-exoplanets-catalog/hec-media/hec-periodic-table-of-exoplanets (2018).

"Survival function analysis of planet size distribution with Gaia Data Release 2 updates", L. Zeng *et al., Monthly Notices of the Royal Astronomical Society,* 479, 4 (2018).

"Future population growth", M. Roser, *Our World in Data,* https://ourworldindata.org/future-population-growth (2019).

"Space exploration and environmental issues", W. K. Hartmann, *Environmental Ethics,* 6, 3, 227-239 (1984).

"The environmental impact of emissions from space launches: a comprehensive review", J. A. Dallas *et al., Journal of Cleaner Production,* 255, 120209 (2020).

ESA Space resources strategy, European Space Agency, https://sci.esa.int/documents/34161/35992/1567260390250-ESA_Space_Resources_Strategy.pdf